67WS
GINZA
ロクナナワークショップ
銀座 GINZA SCRATCH

デザインの学校 これからはじめる

Premiere Pro
の本 ［改訂2版］

JN014291

技術評論社

本書の特徴

● 最初から通して読むことで、Premiere Proの体系的な知識・操作が身につきます。
● 動画制作の基本が身に付きます。
● 練習ファイルを使って学習することもできます。

本書の使い方

本文は、**1 2 3**…の順番に手順が並んでいます。この順番で操作を行ってください。

それぞれの手順には、**❶ ❷ ❸**…のように、数字が入っています。

この数字は、操作画面内にも対応する数字があり、操作を行う場所と、操作内容を示しています。

Visual Index

具体的な操作を行う各章の頭には、その章で学習する内容を視覚的に把握できるインデックスがあります。
このインデックスから、自分のやりたい操作を探し、表示のページに移動すると便利です。

◆ 免責

本書に記載された内容は、情報の提供のみを目的としています。したがって、本書を用いた運用は、必ずお客様自身の責任と判断によって行ってください。これらの情報の運用の結果、いかなる障害が発生しても、技術評論社および著者はいかなる責任も負いません。また、ソフトウェアに関する記述は、特に断りのない限り、2021年8月現在のWindows／Mac用の最新バージョン（Premiere Pro 15.4.1）を元にしています。ソフトウェアはバージョンアップされる場合があり、本書での説明とは機能内容や画面図などが異なってしまうこともあり得ます。本書ご購入の前に、必ずバージョンをご確認ください。また、ソフトウェアは必ずご自分でご用意ください。

以上の注意事項をご承諾いただいた上で、本書をご利用願います。これらの注意事項に関わる理由に基づく、返金、返本を含む、あらゆる対処を、技術評論社および著者は行いません。あらかじめ、ご承知おきください。

◆ 商標

Adobe Premiere Proは、Adobe Inc.（アドビ社）の米国ならびに他の国における商標または登録商標です。その他、本文中に記載されている会社名、団体名、製品名などは、それぞれの会社・団体の商標、登録商標、商品名です。なお、本文中に™マーク、®マークは明記しておりません。

Contents

Chapter 1 Premiere Proを使う前の準備 ……… 21

Chapter 2 基本操作を覚えよう ……………… 37

Chapter

3 動画を編集しよう …………… 55

練習ファイルのダウンロード

練習ファイルについて

本書で使用する練習ファイルは、以下のURLのサポートサイトからダウンロードすることができます。練習ファイルは各章ごとにフォルダーで圧縮されていますので、ダウンロード後はデスクトップ画面にフォルダーを展開してから使用してください。

https://gihyo.jp/book/2021/978-4-297-12417-5/support

各章ごとのフォルダーには、各節で使用する練習用のファイルが入っています。練習用のファイルは、各章で使用する画像や動画ファイルなどの素材ファイルが含まれている場合があります。

練習ファイルのダウンロード

お使いのコンピューターを使用して、練習ファイルをダウンロードしてください。以下は、Windowsでのダウンロード手順となります。

1 Webブラウザを起動し、上記のサポートサイトのURLを入力して❶、Enter（Macはreturn）キーを押します❷。

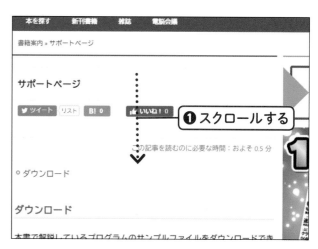

2 表示された画面をスクロールします❶。

3	［サンプルファイル］のリンクをクリックします❶。

4	ダウンロードが開始されます。WindowsのMicrosoft Edgeの場合は、［ダウンロード］フォルダーにダウンロードされます。MacのSafariでは、［ダウンロード］フォルダに自動的に保存されます。

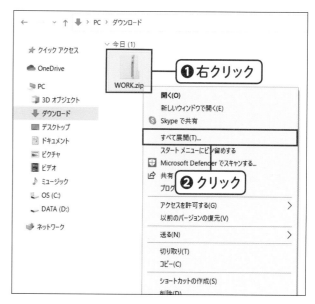

5	ダウンロードには時間がかかります。完了したら［ダウンロード］フォルダークリックして❶、表示します。MacのSafariの場合は、Finderから［ダウンロード］フォルダを開きます。

6	ダウンロードしたファイルを右クリックし❶、［すべて展開］をクリックします❷。MacのSafariの場合は自動的に展開されています。

7 ［参照］をクリックします❶。

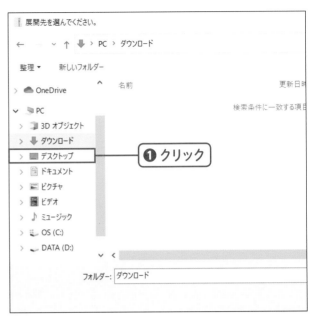

8 ［展開先を選んでください。］画面が表示されるので、［デスクトップ］をクリックします❶。

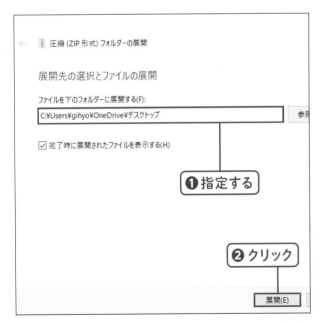

9 展開先にデスクトップを指定して❶、［展開］ボタンをクリックします❷。

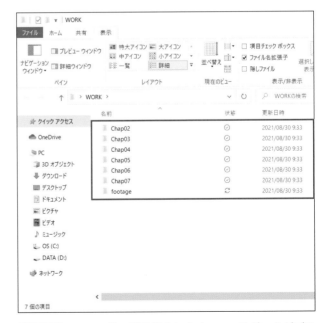

10 フォルダーが展開されます。フォルダーをダブルクリックすると、サンプルファイルが確認できます。

練習ファイルのファイル・フォルダー一覧

本書では、練習ファイルのフォルダーをデスクトップに置いた状態で解説しています。デスクトップに展開しなかった場合や、Macの場合は、フォルダをデスクトップにドラッグして移動してください。

練習ファイルは、以下のようなフォルダ構成になっています。各 Lesson のページに記載されているファイルが該当の Premiere Pro のファイル（プロジェクトファイル）です。

各章ごとのフォルダには、各節で使用する練習用のファイルが入っています。練習用のファイルは、各 Lesson の学習前の練習ファイルには「a」、学習後の完成ファイルには「b」の文字がファイル名についています。そのほか、各章で使用する画像や動画ファイルなどの素材ファイルは「footage」フォルダに収録されています。なお、1 章には練習用ファイルはありません。

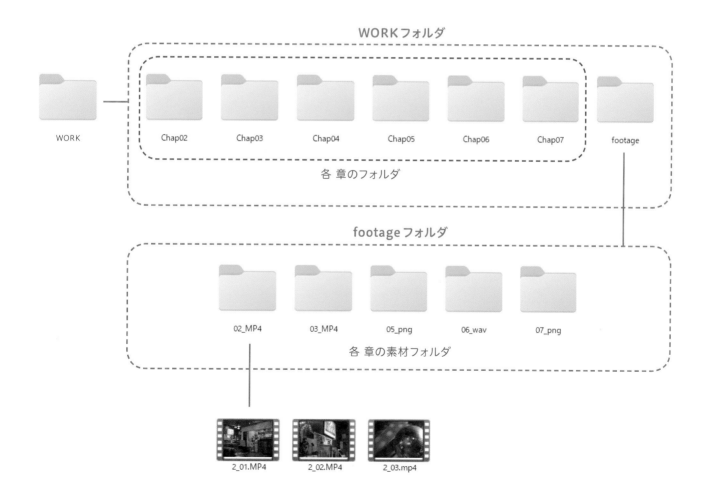

Premiere Pro 体験版の
ダウンロードとインストール

本書の操作を行うには、Premiere Pro が必要です。Premiere Proをお持ちでない場合は、アドビシステムズから提供されている7日間無償で使える体験版をダウンロードして利用することができます。ダウンロードおよびインストールには、インターネット接続が必要です。なお、すべてのダウンロードからインストールまでの作業を完了するには、数時間かかることもあります。また、体験版は最初の起動より7日間の使用期限があります。期限を過ぎると、自動的に料金が発生するので、使用しない場合は解約する必要があります。解約方法については、アドビ社のページを確認してください。

https://helpx.adobe.com/jp/x-productkb/policy-pricing/change-plan.html

Adobe IDを取得して体験版をダウンロードする

1 Webブラウザを起動し、URL入力欄に「https://www.adobe.com/jp/products/catalog.html」と入力し❶、 Enter （Macは return ）キーを押します❷。アドビシステムズのWebページが表示されます。

2 画面をスクロールして、Premiere Proのところの[無料で始める]をクリックします❶。

3 ［個人］をクリックします❶。

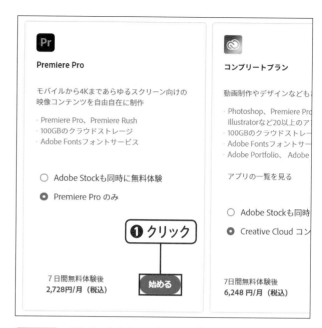

4 ［始める］をクリックします❶。

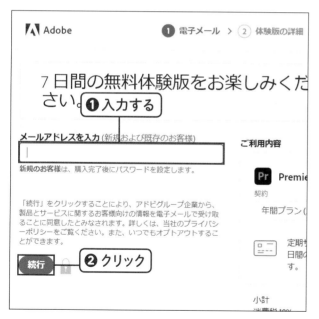

5 電子メールアドレスの確認画面が表示されるので、任意のメールアドレスを入力し❶、［続行］をクリックします❷。

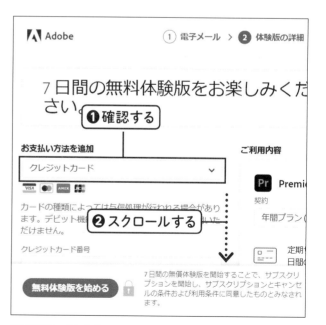

6 ［お支払い方法を追加］で「クレジットカード」が選択されていることを確認し❶、画面をスクロールします❷。

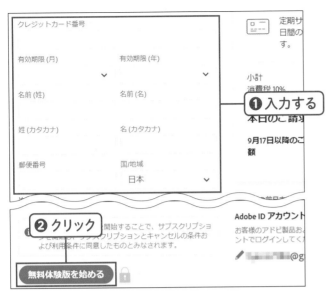

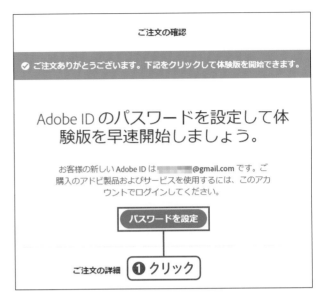

7 ［ご利用内容］を確認すると7日間の無料体験版で割引されています。7日間を過ぎると月々のサブスクリプション請求が開始されます。クレジットカードの情報を入力し❶、［無料体験版を始める］をクリックします❷。

8 ［ご注文の確認］画面が表示されるので、［パスワードを設定］をクリックします❶。

9 任意のパスワードを入力し❶、［アカウントの入力を完了］をクリックします❷。

10 ダウンロードが開始されます。

11 アプリの体験版が［ダウンロード］フォルダーに保存されるので、ここでは、［Premiere_Pro_Set-Up.exe］をダブルクリックします❶。

12 ［続行］をクリックします❶。

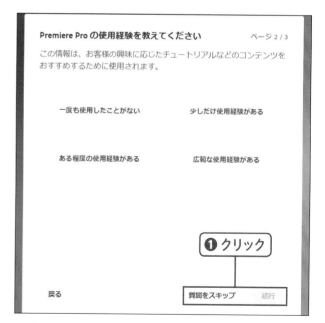

13 アンケートに回答します。［質問をスキップ］をクリックするか、該当のものをクリックして、［続行］をクリックします❶。

14 アンケートに回答します。［質問をスキップ］をクリックするか、該当のものをクリックして、［続行］をクリックします❶。

15 アンケートに回答します。［質問をスキップ］をクリックするか、該当のものをクリックして、［続行］をクリックします❶。

16 インストールが完了するまで待ちます。

17 ［Adobe Creative Cloudへようこそ］画面が表示されるので、［OK］をクリックします❶。

18 ［Premiere Proをインストール中］画面が表示され、Premiere Proがインストールされます。

19 インストールが完了します。

20 [Creative Cloud Desktop] の画面が表示されます。

21 インストールが完了したら、[開く]をクリックすると❶、Premiere Proが起動します。

MEMO

解約する場合は、Adobeアカウントのページ（https://account.adobe.com/plans/）にアクセスし、[プランを管理]をクリックし、[プランを解約]をクリックして、画面の指示に従います。

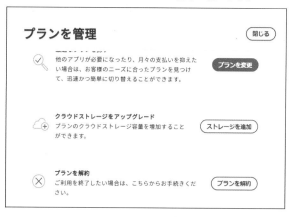

Premiere Proの新しいユーザーインターフェース

［読み込み］タブの画面

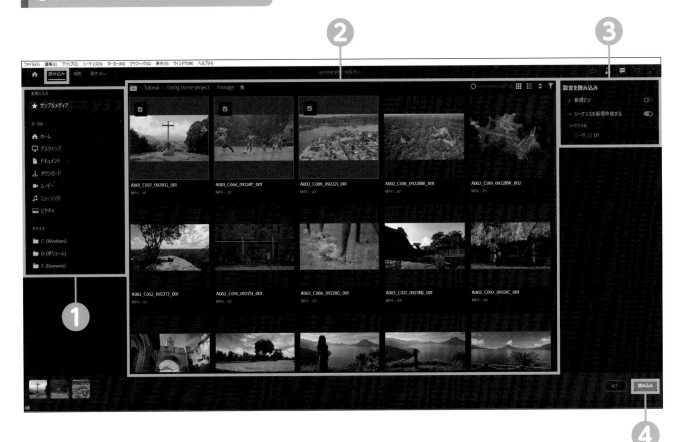

❶ファイルの読み込み先が一覧で表示されます。ここで選んだ階層のファイルが❷で表示されます。

❷読み込み先のファイルが一覧で表示されます。

❸読み込み時の設定を変更できます。

❹読み込むファイルを❷で選んで［読み込み］をクリックすると、［編集］タブに自動で切り替わり編集が可能となります。

［編集］タブの画面

本書で解説する編集画面が表示されます。

［書き出し］タブの画面

❶書き出し先を決めることができます。

❷動画の書き出し設定ができます。

❸編集したPremiereデータのソース情報を確認できます。

❹書き出しボタンをクリックすると、動画が書き出されます。

Premiere Proを
使う前の準備

第1章では、Premiere Proを使い始める前に、あらかじめ知っておきたいことについて解説します。映像制作の流れ、Premiere Proの起動や終了方法をはじめ、操作画面に配置してある各ツールについて知っておくことで作業をスムーズに行えます。

Lesson
01

練習ファイル　なし
完成ファイル　なし

映像制作の流れを知ろう

ここでは、動画編集ソフトであるPremiere Proの特徴を解説します。また、これから行う動画編集のワークフローについても解説します。

● Premiere Proとは

Premiere Pro はアドビ社の動画編集ソフトです。動画作品は、映像素材や静止画、テロップ、音などから構成されますが、Premiere Pro には、これらを効率よく編集する機能が揃っています。さらに、豊富なテンプレートやエフェクトを駆使して、ハイレベルな演出を行うことも可能です。

撮影素材を用意したら、好きな順番やタイミングで素材を切り替えて、思い通りの映像作品を作ってみましょう。Premiere Pro は、ハリウッド映画やプロモーションビデオ、YouTube クリエイターの映像など、幅広く使われており、さまざまな形式の素材に対応していることも特徴的です。iPhone で撮影された映像はもちろん、高画質なカメラで撮影された素材から、360 度カメラで撮影された VR 素材まで、あらゆる形式の素材を編集することができます。また、書き出し作業は、多様なメディアでの表示形式に対応したデータの書き出しを可能にします。他のアドビ社のソフトとの連携がしやすく、Illustrator や After Effects などで作成したファイルも素材として読み込み編集することができます。Premiere Pro は、最新の技術を取り入れた定期的なアップデートにより、常に進化し続けています。

● 映像制作のワークフロー

一般的な映像制作のワークフローは、以下のようなものになります。

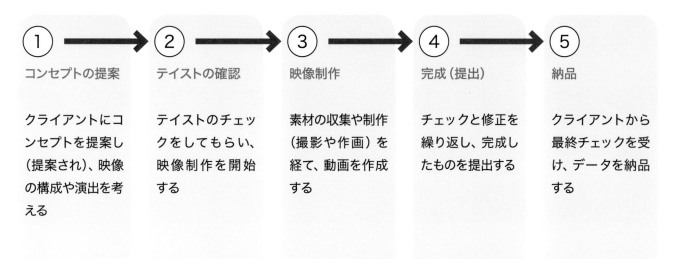

● Premiere Pro で映像を作るワークフロー

Premiere Pro は動画編集に特化したソフトです。演出に沿って撮影された映像素材や静止画を使って編集作業や、音の調整、色味の調整などを行います。本書での Premiere Pro ワークフローは、以下のとおりです。

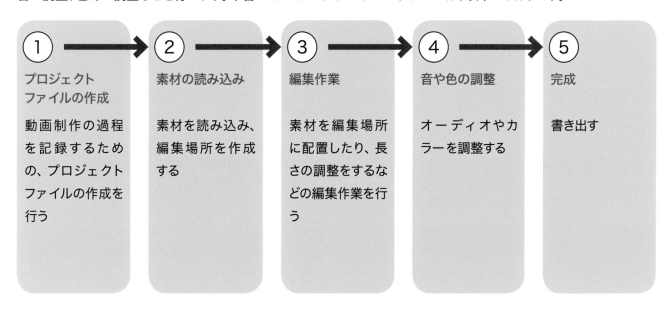

Lesson

02

起動・終了しよう

練習ファイル　なし
完成ファイル　なし

Premiere Proの起動と終了の方法を解説します（体験版のインストールは、P.12を参照）。本書ではWindows 10とmacOSにインストールしたPremiere Pro 2021の操作方法を解説しています。

● Windowsで起動する

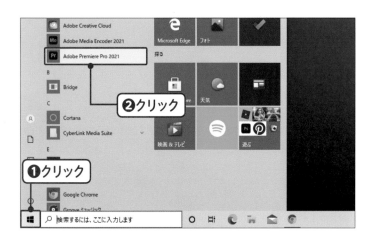

1 Premiere Proを選択する

画面左下の［スタート］をクリックし❶、表示されるメニューから［Adobe Premiere Pro 2021］をクリックします❷。

MEMO

「2021」のところは、バージョン名です。バージョンによって異なります。

2 警告を確認する

［システムの互換性レポート］画面が表示されたら、内容を確認し、［このまま続行］をクリックします❶。

MEMO

この画面は、内蔵のグラフィックカードがPremiere Proで作成した動画の再生およびレンダリング時の要件を満たしていないことに対する画面です。

3 Premiere Proが起動する

Premiere Proが起動し、[スタートアップスクリーン]という新規作成や保存したファイルを開くときに便利なナビゲーション画面が表示されます。

● Windowsで終了する

❶クリック

1 終了を選択する

[ファイル]メニュー→[終了]の順にクリックすると❶、Premiere Proが終了します。

MEMO

次のレッスンでは作業画面について学びます。もう一度Premiere Proを起動しておきましょう。

● Macで起動する

1 アプリケーションを選択する

［移動］メニュー→［アプリケーション］の順にクリックします❶。

2 フォルダを開く

アプリケーション画面が表示されます。［Adobe Premiere Pro 2021］フォルダをダブルクリックします❶。

MEMO

「2021」のところはバージョン名です。バージョンによって異なります。

3 Adobe Premiere Pro（バージョン）を開く

フォルダの内容が表示されるので［Adobe Premiere Pro 2021］をダブルクリックします❶。

4 Premiere Proが起動する

Premiere Proが起動します。

● Mac で終了する

❶クリック

1 終了を選択する

[Premiere Pro] メニュー→ [Premiere Proを終了] の順にクリックします❶。

ここでは、Premiere Proを起動して表示される画面の構成について解説します。CC以降の各バージョン、およびWindowsとMacで異なる部分もありますが、画面構成はほぼ同じです。

Lesson

03

練習ファイル　なし

完成ファイル　なし

画面を知ろう

ここでは、Premiere Proを起動して表示される画面の構成について解説します。CC以降の各バージョン、およびWindowsとMacで異なる部分もありますが、画面構成はほぼ同じです。

● Premiere Pro 2021 の操作画面

❶ メニューバー

作業別に分けられた各項目があります。保存や環境設定などの項目、作成、動画の編集などさまざまなメニューが用意されています。

❷ ［ワークスペース］パネル

作業に合ったパネルの表示に切り替えることができます。

❸ ［ソースモニター］パネル

［プロジェクト］パネルに読み込まれた映像素材を編集するためのパネルです。読み込んだ動画素材の長さを調整するなどの編集を行うこともできます。

❹ ［プログラムモニター］パネル

主に❽の［タイムライン］パネルに表示されているシーケンスをプレビューするためのパネルです。このモニターの映像を確認しながら、編集作業を行います。

❺ ［Lumetri カラー］パネル

動画の色味を調整するパネルです。初期設定では、非表示になっていることがあります。P.32を参考にして表示しましょう。

❻ ［プロジェクト］パネル

Premiere Proに読み込んだ素材の倉庫のような役割を持つパネルです。Premiere Proで映像を構成するクリップ（動画、静止画、オーディオファイル）や、それを編集したシーケンスが表示されます。

❼ ［ツール］パネル

クリップの選択、長さの調整など、編集で使用頻度の高いツールが用意されています。本書では一部のツールのみを解説していますが、他にも編集に欠かせない便利なツールが用意されています。

❽ ［タイムライン］パネル

Premiere Proに読み込んだ素材（動画、静止画、オーディ オファイル）を編集するためのパネルです。❻の［プロジェクト］パネルに読み込んだ素材を配置して、クリップやシーケンスの長さの調整や入れ替え、効果（エフェクト）を設定するなどの編集を行います。

❾ ［オーディオメーター］パネル

編集している動画の音量をメーターとして表示します。どれくらいの音量が出ているのかを確認することができます。

● [タイムライン] パネルについて

[タイムライン] パネルでは、配置されたクリップの編集作業をしやすくするための項目が用意されています。初期設定での [タイムライン] パネルの表示は、下の図のようになります。タイムラインにクリップやシーケンスを配置して、編集や入れ替えをしながら作業します。動画の編集を行うビデオトラックと、音を編集するオーディオトラックに分けられ、動画、オーディオ単独での作業が行えるのが特徴です。

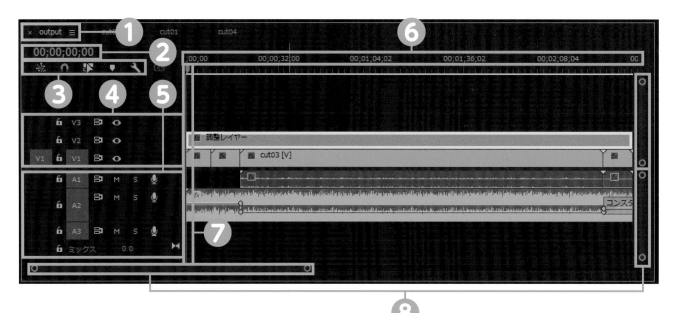

●トラック

[タイムライン] パネルの左側に表示されている [V1] [A1] などがトラック名です。トラックは、シーケンスにクリップなどを配置する列のことです。[V] が付いているところがビデオトラックで、[A] がオーディオトラックです。ターゲットトラックは、クリップの移動や貼り付けなどの編集のときに使用するトラックで、このターゲットトラックの指定をソーストラックインジケーターで切り替えることができます。

❶ シーケンスタブ

シーケンスとは、動画、テロップ、音楽、音声などを編集してまとめた構成のことです。シーケンスタブでは作成したシーケンスが表示されます。複数のシーケンスを開くことができ、シーケンス名をクリックして切り替えて作業することができます。

❷ タイムコード

再生ヘッドの位置を表示しています。再生ヘッドを移動することで、表示される時間が変わります。クリップを移動した時間、編集点の確認などに利用します。

❸ タイムラインツール

❻の［タイムライン］パネルで使用するツールが集められています。スナップやマーカーの追加など、タイムラインに配置したクリップやシーケンスの編集を行う際に利用します。

❹ ビデオトラック

動画素材の場合、動画と音が録画（録音）されている場合が多いですが、動画はこのビデオトラックに配置されます。静止画クリップの場合もビデオトラックに配置されます。

❺ オーディオトラック

ビデオトラック同様に、音はオーディオトラックに配置されます。クリップ以外にもシーケンスに含まれた音も配置され、ビデオクリップと同様に編集を行うことができます。

❻ タイムライン

再生ヘッドの位置（時間）を表します。

❼ 再生ヘッド

編集中、動画の再生を任意のタイミングで再生したいときに操作するためのツールです。■の部分をドラッグすることで移動でき、その位置の映像や音が［プログラムモニター］パネルにプレビューされます。

❽ ズームスライダー

ズームスライダーを上下左右にドラッグすることで、トラックの表示の拡大・縮小を行うことができます。全体を表示したい、クリップをもっと拡大して表示したい場合などに利用するツールなので、作業に合わせて調整するようにしましょう。

作業しやすくしよう

練習ファイル　なし
完成ファイル　なし

Premiere Proはすべてのパネルを表示すると作業がしにくいため、作業に合わせてワークスペースを使い分けるようにしましょう。パネルの操作方法を知っておくと作業がしやすくなります。

● パネルを表示する

1 [Lumetriカラー] パネルを表示する

P.40〜43を参考にして、あらかじめプロジェクトを作成しておきます。ワークスペースにパネルを表示します。ここでは [Lumetriカラー] パネルを表示してみましょう。[ウィンドウ] メニュー→ [Lumetriカラー] の順にクリックします❶。

MEMO

ここでは初期設定のワークスペース [編集] が選択された状態で解説しています。

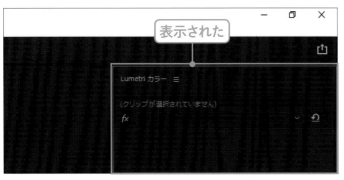

2 パネルが表示される

[Lumetriカラー] パネルが右側に表示されます。

● パネルの表示領域を拡大・縮小する

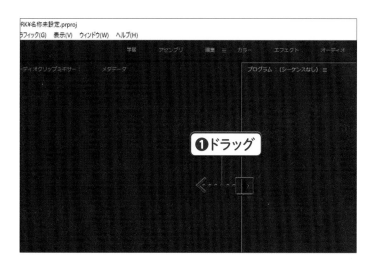

1 パネルを拡大する

作業しやすいようにパネルを拡大します。ここでは
[ソースモニター] パネルと [プログラムモニター] パ
ネルの境界線にマウスポインターを移動し、左にド
ラッグすると❶、パネルの表示領域が拡大します。

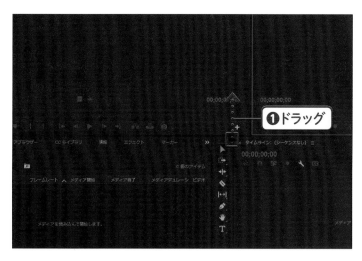

2 パネルを調整する

同じように [プログラムモニター] パネルと [タイムラ
イン] パネルの境界にマウスポインターを移動し、
上下にドラッグします❶。

MEMO

[ソースモニター] パネルと [プログラムモニター] パネルで
は、クリップやシーケンスの映像を表示するため、表示領
域は拡大しておくと、確認しやすくなります。

☑ Check! パネルの表示内容について

お使いのパソコンのモニター解像度も
しくは読み込んだプロジェクトファイル
によってはパネル内の内容が見づらい
ことがあります。第2章以降で実際に
作成しながら、パネル内の表示が見や
すいように調整するようにしましょう。

● 変更したワークスペースを保存する

1 [新規ワークスペース]を選択する

画面の上の選択されているワークスペース名の  をクリックし❶、[新規ワークスペースとして保存] をクリックします❷。

2 設定する

[新規ワークスペース]画面が表示されるので、[名前]に「これからPremiere」と入力し❶、[OK]をクリックすると❷、ワークスペースが保存されます。

3 確認する

[ワークスペース]パネルの ≫ をクリックすると❶、保存したワークスペースが登録されていることが確認できます。保存したワークスペースに戻したい場合は、このワークスペース名をクリックします❷。

MEMO

ワークスペースを変更すると、自動でその時点で選択しているワークスペースに保存されます。頻繁に使用するパネルの表示や位置を変更した場合は、ワークスペースとして保存しておくと便利です。

● ワークスペースを切り替える

1 ワークスペースを選択する

画面上の［編集］をクリックします❶。［編集］ワークスペースに戻りますが、拡大や追加で表示したパネルがそのまま表示されています。

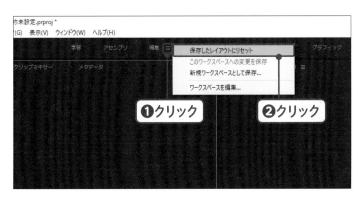

2 ワークスペースをリセットする

ワークスペース名の ≣ をクリックし❶、［保存したレイアウトにリセット］をクリックします❷。

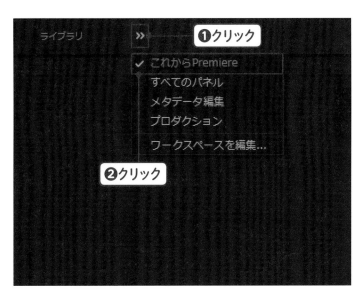

3 ワークスペースがリセットされる

元の［編集］ワークスペースに戻ります。もう一度、［ワークスペース］パネル ≫ をクリックし❶、［これからPremiere］をクリックして❷、［これからPremiere］ワークスペースに戻しておきましょう。

MEMO

P.34の手順 1 で［このワークスペースへの変更を保存］を選んだ場合、保存したワークスペースになるので、注意しましょう。

● パネルを移動する

1 マウスポインターを パネルに移動する

パネルを移動する場合の手順を解説します。ここでは、試しに [Lumetri カラー] パネルを移動させてみます。パネルの上部分にマウスポインターを移動します❶。

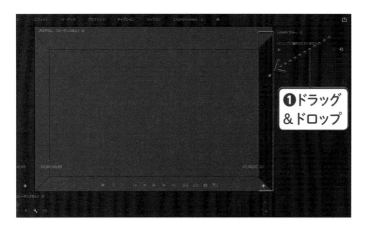

2 パネルを ドラッグ＆ドロップする

移動したい位置にドラッグ＆ドロップします❶。

MEMO

パネルをドラッグ＆ドロップすると、上下左右のどの位置にドッキングするかのガイドが表示されるので、色が濃く表示されている位置に合わせてドラッグ＆ドロップしましょう。

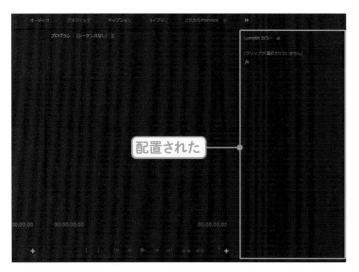

3 パネルが移動する

移動したい先のガイドが青く表示された部分でドロップすると、[プログラムモニター] パネルの隣に配置されたことが確認できます。

MEMO

下にドラッグ＆ドロップすると、移動した位置にあるパネルのグループパネルとしてタブ表示になります。上、左、右にドラッグ＆ドロップすると、そのパネルの上、左、右に配置されます。

Chapter

基本操作を覚えよう

第2章では、映像を編集するための基本操作を学びます。プロジェクトやシーケンスの作成方法、素材動画の読み込み、パネルの操作方法など、これから学習を進めるなかで頻繁に使用する操作に慣れることから始めましょう。

基本操作を覚えよう

完成イメージ

Premiere Proで動画編集を行う上で、基本となる操作を学びます。プロジェクトやシーケンスの作成方法、素材の動画ファイルの読み込みから[タイムライン]パネルの操作方法などを解説します。

POINT 1 新規プロジェクトを作成する

はじめに編集作業を行うために、新規プロジェクトを作成します。プロジェクトを作成することによって動画ファイルを読み込むことができるようになります。

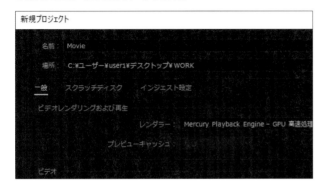

→ P.40

POINT 2 プロジェクトを保存する

プロジェクトの保存方法と開き方を学びます。プロジェクトを保存することで、保存時の編集作業を記録することができ、プロジェクトを開くことで、保存時のデータから編集作業を再開することができます。

→ P.44

POINT 3 素材を読み込む

作成したプロジェクトに素材を読み込みます。この読み込んだ素材を編集することで、以降の章で動画を仕上げていきます。

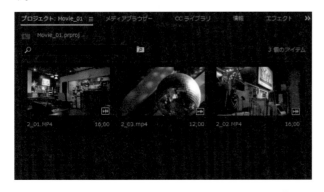

→ P.48

POINT 4 素材を整理する

読み込んだ素材を作業しやすいように整理する方法を学びます。

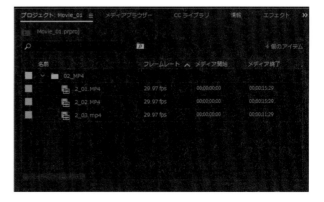

→ P.50

プロジェクトを作成しよう

| 練習ファイル | なし |
| 完成ファイル | なし |

映像を編集するため、プロジェクトファイルを作成します。ここでは新規プロジェクトの作成方法について学びます。

● プロジェクトとは

Premiere Pro では、最初に編集作業を行う場所である、プロジェクトの作成を行います。プロジェクトとは動画や音声などを管理するスペースで編集作業には欠かせないものです。プロジェクトを作成することによってはじめて動画や音声といった素材の読み込みができるようになり、編集作業を経て蓄積されるさまざまな作業データがプロジェクトに書き込まれていきます。作業後にプロジェクトを上書き保存することで、作業データが更新されます。更新前の作業データを残しておきたい場合は、別名保存などでプロジェクトを複製しておくとよいでしょう。

1 新規プロジェクトを 作成する

Premiere Proを起動し、[ファイル]→[新規]→[プロジェクト]の順にクリックします❶。

2 [新規プロジェクト]画面 を確認する

[新規プロジェクト]画面が表示されます。ここでプロジェクトの設定を行っていきます。

3 プロジェクト名を設定する

[名前]に「Movie」と入力します❶。

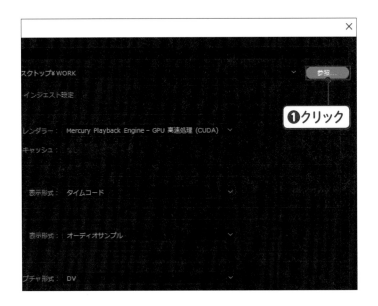

4 データの保存場所を指定する

プロジェクトの保存先を決めておきましょう。[参照]をクリックします❶。

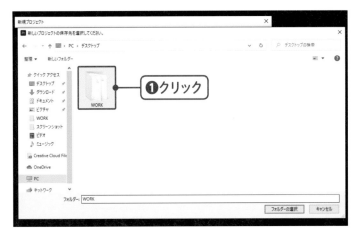

5 保存場所を指定する

[新しいプロジェクトの保存先を選択してください。]ウィンドウが表示されるので、P.8～10でコピーした[WORK]フォルダーをクリックして❶、選択します。

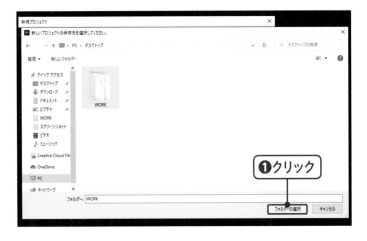

6 [フォルダーの選択]で確定する

[フォルダーの選択]（Macの場合は[選択]）をクリックし❶、ウィンドウを閉じます。

MEMO

これから編集するPremiere Proのプロジェクトファイルはこの「WORK」フォルダーに保存されます。コピーをしていない場合は、P.8～10を参照しましょう。

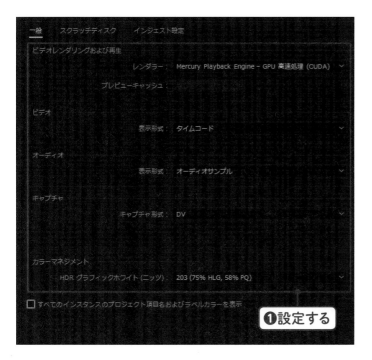

❶設定する

7 [新規プロジェクト]画面の設定を確認する

保存先を指定すると、再び[新規プロジェクト]の画面が表示されるので、今回は以下のように設定し❶、[OK]をクリックします❷。

レンダラー	[Mercury Playback Engine - GPU 高速処理 (CUDA)]
プレビューキャッシュ	なし
ビデオ表示形式	タイムコード
オーディオ表示形式	オーディオサンプル
キャプチャ形式	DV

❷クリック

MEMO

お使いのパソコンに指定のグラフィックボードが搭載されていない場合は、レンダラー[Mercury Playback Engine - GPU 高速処理(CUDA)]が利用できないことがあります。また、Macの方は[Mercury Playback Engine - GPUアクセラレーション(Metal)]、どちらもない方は[Mercury Playback Engine - ソフトウェア処理]を選択しましょう。なお、キャプチャ方式で[DV]が選択できない方は[HDV]を選択してください。

8 作成したプロジェクトを確認する

[プロジェクト]パネルに作成した「Movie」プロジェクトが作成されます。ここに動画や音楽ファイルなどの素材を読み込んで編集をします。

作成された

MEMO

[プロジェクト]パネルが表示されていない場合は、[ウィンドウ]メニュー→[プロジェクト]→[Movie.prproj]の順にクリックすると、[プロジェクト]パネルを呼び出すことができます。

Lesson

プロジェクトを保存しよう

練習ファイル なし
完成ファイル なし

プロジェクトを保存することで、編集作業を記録することができます。ここではプロジェクトの保存方法を学びます。

1 「Movie」プロジェクトを選択する

プロジェクトを保存する前に、保存するプロジェクトを選択する必要があります。[プロジェクト]パネルの「Movie」プロジェクトをクリックして❶、選択します。

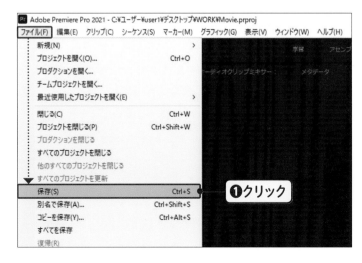

2 プロジェクトを保存する

[ファイル]メニュー→[保存]をクリックすると❶、保存されます。

● 別名で保存する

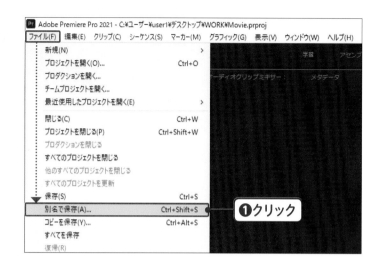

プロジェクトを別名で
保存する

［ファイル］メニュー→［別名で保存］の順にクリック
します❶。

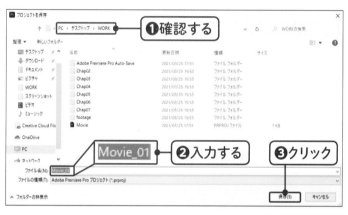

［プロジェクトを保存］
ウィンドウで設定する

指定した保存場所であることを確認し❶、［ファイ
ル名］に「Movie_01」と入力して❷、［保存］をクリッ
クします❸。

プロジェクトが
別名で保存される

前のデータを上書きせずに、別名でプロジェクトが
保存されました。

Lesson 03 プロジェクトを開こう

プロジェクトを開くことで、保存時のデータから編集作業を再開することができます。ここでは、プロジェクトファイルを開く方法を学びます。

練習ファイル なし
完成ファイル なし

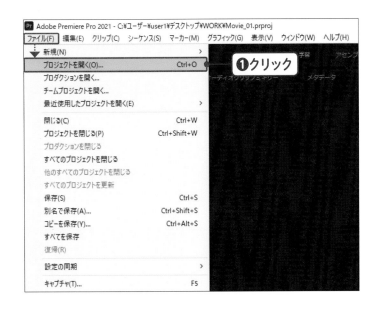

1 [プロジェクトを開く]を実行する

プロジェクトファイル「Movie」を開きます。[ファイル]メニュー→[プロジェクトを開く]の順にクリックします❶。

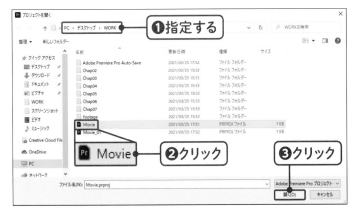

2 プロジェクトファイルを指定する

[プロジェクトを開く]画面が表示されるので、プロジェクトファイルが保存されている場所を指定し❶、「Movie.prproj」をクリックして❷、[開く]をクリックします❸。

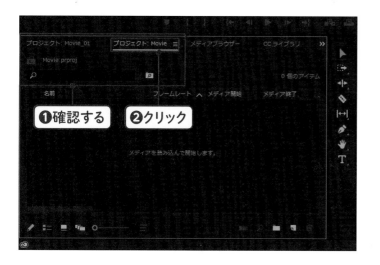

3 [プロジェクト]パネルで確認する

[プロジェクト]パネルに「Movie」プロジェクトが開かれ、「プロジェクト：Movie」と「プロジェクト：Movie_01」が確認できます❶。2つのプロジェクトが開いているので片方を閉じます。ここでは練習として「プロジェクト：Movie」を閉じます。[プロジェクト]パネルで「プロジェクト：Movie」をクリックして❷、選択します。

4 プロジェクトを閉じる

[ファイル]メニュー→[プロジェクトを閉じる]の順にクリックします❶。

5 [プロジェクト]パネルを確認する

「プロジェクト：Movie」が閉じられ、「プロジェクト：Movie_01」のみ表示されていることを確認します❶。

MEMO

Premiere Proでは、複数のプロジェクトを開くことが可能で、[プロジェクト]パネルでプロジェクトを切り替えることができます。使用しないプロジェクトは閉じて、作業しやすいようにしましょう。

47

動画ファイルを読み込もう

| 練習ファイル | Movie0204a.prproj |
| 完成ファイル | Movie0204b.prproj |

編集を始める前に、素材となる動画ファイルを読み込む方法を解説します。Premiere Proでは、動画ファイルだけでなく、音声ファイルなどの音楽素材も同じ方法で読み込むことができます。

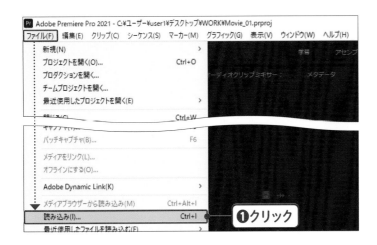

1 動画ファイルを読み込む

[ファイル] メニュー→ [読み込み] の順にクリックします❶。

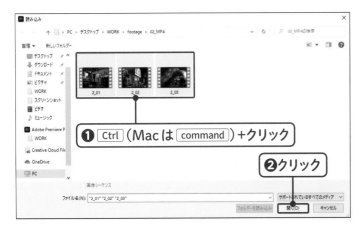

2 動画ファイルを選択する

[読み込み] 画面が表示されるので、「WORK」→「footage」→「02_MP4」フォルダーの中の3つの動画ファイルを Ctrl (Macは command) キーを押しながらクリックして❶、複数選択し、[開く] (Macは [読み込み]) をクリックします❷。

MEMO

ここで使用する動画ファイルは、あらかじめP.8～10の方法で準備しておきます。

3 [プロジェクト]パネルに読み込まれる

読み込んだ3つの動画ファイルが[プロジェクト]パネルに表示されます。[プロジェクト]パネルの左下の[リスト表示]をクリックします❶。

MEMO

図のように動画の最初のコマがサムネイルとして表示される[アイコン表示]になっていることがあります。

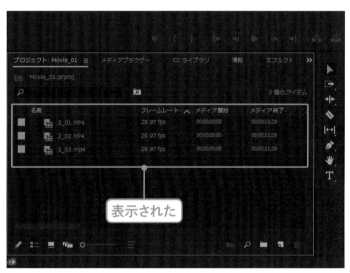

4 [リスト表示]になる

[プロジェクト]パネルの動画クリップがリストとして表示されます。

MEMO

[プロジェクト]パネルに読み込まれた素材ファイル（動画、音声ファイルなど）は[クリップ]という呼び名に変わります。

☑ Check! ## Premiere Proで読み込めるファイル形式

Premiere Proでは、多くのファイル形式に対応しているため読み込み素材を意識することなく作業を行うことができます。ここでは参考に、一般的に使用される形式を紹介します。

形式	内容
AVI	Windows標準の動画ファイル形式。非圧縮のためファイルサイズが大きい。
ProRes	Appleが開発した動画ファイル形式。低圧縮・高画質でMacで使われる。
MOV	Appleの標準動画形式。Windowsでの再生はQuickTime Playerが必要。
MP4	現在、一般的に使われるファイル形式。圧縮率が高く、劣化が少ない。

Lesson 05 複数の動画ファイルをまとめよう

練習ファイル　Movie0205a.prproj
完成ファイル　Movie0205b.prproj

［プロジェクト］パネル内の素材数が多くなってくると、どこにどの素材があるのかがすぐにわからず、作業効率がよくありません。ここでは、「ビン」と呼ばれる素材をまとめて格納できるものを作成する方法を学びます。

1 ビンを新規作成する

読み込んだ動画ファイルを整理します。［プロジェクト］パネルの下にある［新規ビン］ をクリックします❶。

MEMO

ビンは、別の方法でも作成することができます。「ファイル」メニュー→「新規」→「ビン」の順にクリックすると、［プロジェクト］パネル内にビンが作成されます。

2 ビンの名前を変更する

ビンが作成されるので、「02_MP4」と入力します❶。

MEMO

［プロジェクト］パネルにあるクリップ名やビン名は、後から何度でも変更することができます。選択した状態で Enter （Mac は return キー）を押すことで変更できます。

3 [プロジェクト]パネルの 3つのファイルを選択する

「02MP4」ビンに格納する3つのファイルを選択します。「2_01.MP4」をクリックし❶、Shift キーを押しながら、「2_03.mp4」をクリックします❷。

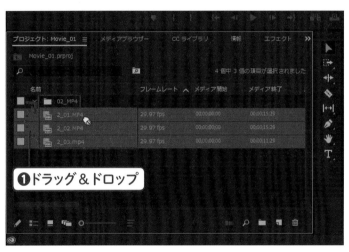

4 ファイルをビンに ドラッグ&ドロップする

選択した3つのファイルを「02_MP4」ビンにドラッグ&ドロップします❶。

5 ビンに格納されたことを 確認する

「02_MP4」ビンにクリップが格納されました。「02_MP4」ビン左隣にある ▶ アイコンをクリックして❶、格納できているか確認しておきましょう。

● フォルダーを読み込んで、ビンを作成する

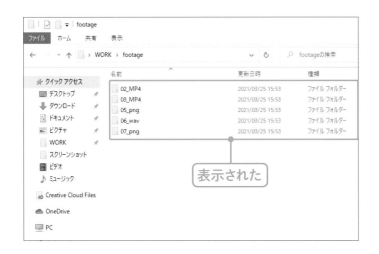

表示された

1 読み込むフォルダーを表示する

フォルダーを読み込んで、ビンを作成することもできます。「WORK」フォルダーの「footage」フォルダーをダブルクリックし、「footage」フォルダー内を表示します。

❶選択する

2 フォルダーを選択

「footage」フォルダー内の「03_MP4」～「07_png」フォルダーを複数選択します❶。

MEMO

Ctrl（Macは command ）キーを押しながらクリックすると、離れたファイルが選択でき、 Shift キーを押しながら、最初と最後のファイルをクリックすると、その範囲のファイルを全選択できます。

❶ドラッグ＆ドロップ

3 [プロジェクト]パネルにドラッグ＆ドロップする

Premiere Proの[プロジェクト]パネルの空いているスペースに、選択したフォルダーをドラッグ＆ドロップします❶。

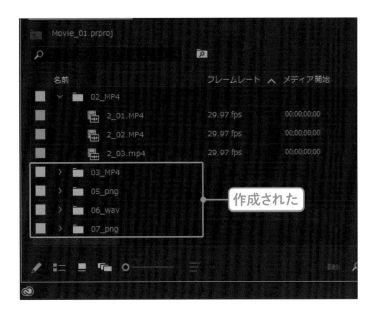

4 ビンが作成される

読み込んだフォルダーが、そのままビンとして作成されました。フォルダーをドラッグ＆ドロップすることで、自動的にビンが作成されます。

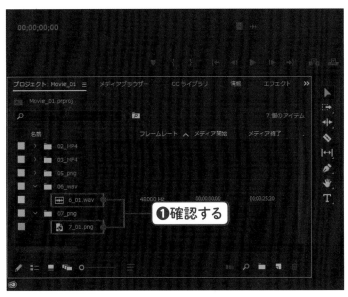

5 ビンの内容を確認する

読み込んだ素材が、Premiere Pro内にすべて読み込まれているか確認しておきましょう❶。

 ビン利用方法

ビンでの整理方法は人それぞれです。目的に応じて使いやすいように整理できるようにしましょう。本書では、Chapter（章）ごとにビンを作っていますが、カットごとに作ったり、撮影した機材ごとに作ったり、素材（フッテージ、BGM、効果音、静止画など）ごとに作ったりなども考えられます。また、ビンを選択した状態で、［新規ビン］を作成すると、選択したビンの中に新たにビンを作成することも可能です。こうすることで、例えば「素材ビン」の中に、「カットごとのビン」を作ることもできます。

［ツール］パネルのツールについて

Premiere Pro には編集作業を効率化させるためのツールが数多く用意されています。
ここでは［タイムライン］パネルの隣に配置されている［ツール］パネルから本書で使用するツールを紹介します。

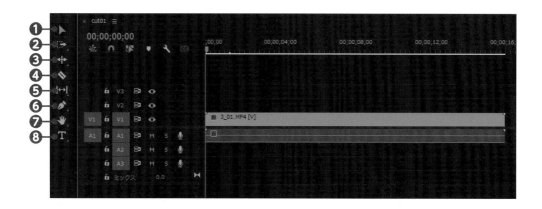

❶［選択］ツール	クリップ、メニュー項目、およびユーザーインターフェイス内のその他のオブジェクトを選択するための標準的なツールです。基本的にはこのツールを使用して作業を行います。
❷［トラックの前方選択］ツール	シーケンス内のカーソルの右側にあるすべてのクリップを選択する場合に使用します。Shift キーを押しながら選択すると、選択されたトラックのみを選択します。長押しで［トラック後方選択］ツールも選べます。
❸［リップル］ツール	［リップル］ツールはクリップを短くした際にできる余白部分を消去するツールです。短くしたことによって生じたスペースが消去され、短くしたクリップの左側、または右側に配置されたクリップが消去されたスペース分、移動します。長押しで［ローリング］ツール、［レート調整］ツールも選べます。［ローリング］ツールは、2つのクリップの動画長さを維持したまま一方の、クリップのインポイントともう一方のクリップのアウトポイントを同時に短くします。動画の速度を調整するツールです。再生速度を速くして［タイムライン］パネル内のクリップを短くしたり、再生速度を遅くして［タイムライン］パネル内のクリップを長くしたりする場合に使用します。［レート調整］ツールは、クリップのインポイントとアウトポイントは変更しません。使用する際には、速度調整を自動で行うので速度が不自然にならない様に調整する注意が必要です。
❹［レーザー］ツール	クリップを任意の位置で分割することができます。「タイムライン］パネルのクリップ上でクリックすると分割されます。
❺［スリップ］ツール	開始点や終了点、クリップの長さを編集せずに、クリップの表示される時間（内容）を変更することができます。長押しで［スライド］ツールになります。［スライド］ツールは、3つ以上のクリップが並んだときに、2番目のクリップを左右に移動させると、3つのクリップの総尺を変えずに、2番目のクリップの開始点を決めることができます。2番目のクリップの尺は変わらず、1番目、3番目のクリップは尺が伸縮調整されます。
❻［ペン］ツール	［プログラムモニター］パネルで操作することで、図形を作成できます。図形はグラフィックレイヤーとして、［タイムライン］パネルに表示されます。長押しで［長方形］、［楕円］ツールも選べます。
❼［手のひら］ツール	［タイムライン］パネルで直感的に操作することができます。長押しで［ズーム］ツールも選べます。タイムラインを拡大・縮小表示できます（Alt キー押しながらで縮小）。
❽［横書き文字］ツール	文字を追加することができます。［タイムライン］パネルでは、グラフィックレイヤーとして表示され、［エッセンシャルグラフィックス］パネルでフォントやサイズを調整することができます。長押しで［縦書き文字］ツールも選べます。

Chapter

3

動画を編集しよう

第3章ではPremiere Proでの動画編集の基本である［タイムライン］パネルの使い方を学びます。読み込んだ動画素材を［タイムライン］パネルに配置し、動画を繋げたり、長さを調節したりする方法を学びましょう。

動画を編集しよう

完成イメージ

Premiere Pro では［タイムライン］パネルに素材を配置して動画を作成します。第 3 章では、［タイムライン］パネルの基本操作と、素材の配置や長さの調整について学びます。さらに覚えておくと便利なサブクリップの作成方法も紹介します。

POINT 1 シーケンスを作成して、タイムラインに配置する

第 2 章で読み込んだ素材をタイムラインに配置するために、シーケンスを作成します。

→ P.58

POINT 2 クリップの長さを調整し、空白部分を削除する

［タイムライン］パネルに配置したクリップ（素材）の長さを調整します。また、クリップをトリミングした際にできるリップル（空白）の消去方法についても学びます。

→ P.64、68

POINT 3 長さを調整したクリップのサブクリップを作成する

読み込んだ素材の再生時間が長い場合は、あらかじめ［ソースモニター］パネルで使用する範囲を決めて、［タイムライン］パネルに読み込むと効率的に作業ができます。また、調節したクリップのサブクリップを作成する方法も覚えましょう。

→ P.78

POINT 4 サブクリップを複製し、使用する範囲を変更する

複製されたサブクリップは、使用する範囲を変えることができます。元のクリップから使用したい範囲を決めて、複数のサブクリップを作成しましょう。

→ P.80、82

01

シーケンスを作成しよう

| 練習ファイル | Movie0301a.prproj |
| 完成ファイル | Movie0301b.prproj |

プロジェクトに読み込んだ素材を編集するためには、シーケンスの作成が必要です。ここでは新規シーケンスを作成する方法を学びます。

● シーケンスとは

シーケンスとは、動画や音声、音楽、テロップなどさまざまな素材を並べていき、1本の動画になるように編集作業を行う場所です。Premiere Pro では、プロジェクトに読み込んだ素材を、シーケンスに配置して、好きなタイミングに切り貼りしたり、音量を調節したりなどの編集作業を行います。プロジェクト作成後、素材を読み込み、シーケンスに配置して編集するこの流れを覚えていきましょう。

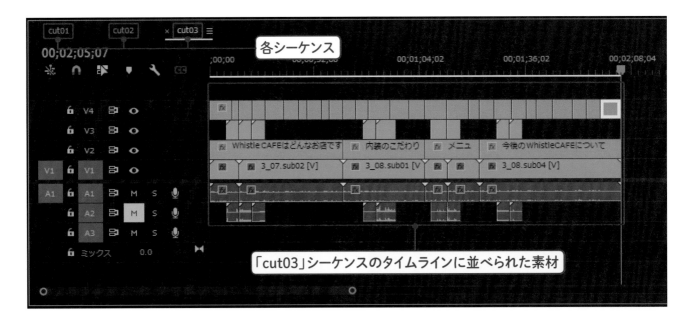

1 新規シーケンスを作成する

[ファイル] メニュー → [新規] → [シーケンス] の順にクリックします❶。

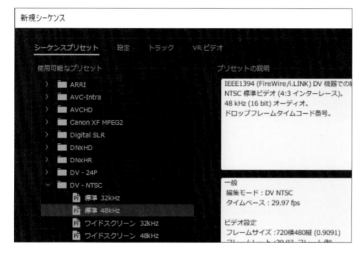

2 [新規シーケンス] 画面を確認する

[新規シーケンス] 画面が表示されました。

3 シーケンス名を設定する

[シーケンス名] に「cut01」と入力します❶。

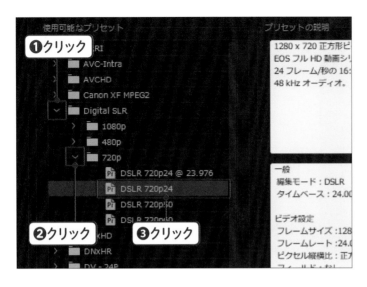

4 プリセットから 編集モードを設定する

［使用可能なプリセット］の［Digital SLR］の ❯ を
クリックし❶、表示された項目から［720p］の ❯
をクリックして❷、［DSLR 720p24］をクリックし
て❸、選択します。

MEMO

［Digital SLR］とはデジタル一眼レフカメラ形式の編集
モードのことで、ここでは一般的な形式のプリセットを選
択しています。

5 ［設定］タブで タイムベースを変更する

動画ファイルの形式とシーケンスの形式を合わせる
ため、［設定］タブでフレームレートを変更します。
［設定］タブをクリックし❶、タイムベースを［29.97
フレーム／秒］に変更します❷。

MEMO

フレームレートとは、1秒間に表示される静止画の数のこ
とです。一般的にビデオカメラのフレームレートは、テレ
ビと同じ29.97fpsとなっています。アニメーションなどは
24fps、iPhoneなどで撮影された映像は30fpsです。フレー
ムレートを正しいものに変更しないと、エラーの元となって
しまいます。

6 ［新規シーケンス］画面を 閉じる

［OK］ボタンをクリックし❶、［新規シーケンス］画
面を閉じます。

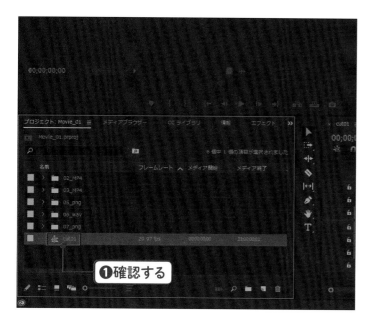

7 シーケンスが追加される

[プロジェクト] パネルが表示されていることを確認し、作成した「cut01」シーケンスが追加されたことを確認します❶。

MEMO

[プロジェクト] パネルが表示されていない場合は、[ウィンドウ] メニュー→ [プロジェクト] → [プロジェクト名] の順にクリックすると、[プロジェクト] パネルを呼び出すことができます。

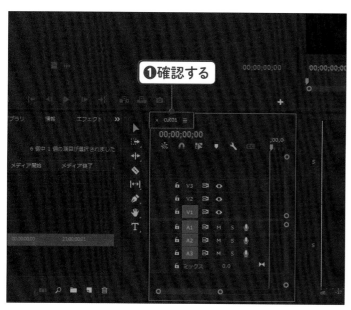

8 [タイムライン] パネルを確認する

[タイムライン] パネルにも「cut01」シーケンスが表示されていることを確認します❶。このシーケンス内にクリップを配置することで編集作業が行えます。

☑ Check! シーケンスの活用

シーケンスとは動画ファイルや静止画ファイル、音楽ファイルなどの素材を、1本の動画になるように配置していく場所です。シーケンスは、別のシーケンス内にクリップとして配置することができます。例えば1本の動画の中に複数カットがあるときに、カットごとにシーケンスを作成し、最終書き出し用シーケンス内に配置することができます。

Lesson

02

タイムラインに配置しよう

| 練習ファイル | Movie0302a.prproj |
| 完成ファイル | Movie0302b.prproj |

Premiere Proでは、[タイムライン]パネルにクリップを配置することで初めて編集作業を行うことができます。ここでは、作成したシーケンスのタイムライン上に素材を配置する方法を学びます。

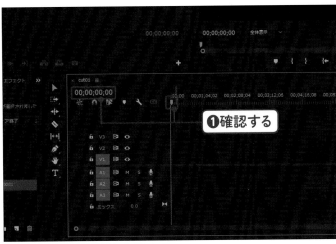

1 再生ヘッドの位置を確認する

[タイムライン]パネルに編集する動画クリップを配置していきます。[タイムライン]パネルの再生ヘッドが「00;00;00;00」にあることを確認します❶。

MEMO

[タイムライン]パネルの表示サイズが小さい場合は、P.33の方法で表示サイズを大きく広げておきます。

2 タイムラインにクリップを配置する

編集作業を行うため、シーケンスにクリップ（素材）を配置します。[プロジェクト]パネルの「03_MP4」ビンの ▶ をクリックし❶、「3_01.MP4」をクリックして❷、[タイムライン]パネルの[V1]トラックの再生ヘッドのある位置に合わせるようにドラッグ＆ドロップします❸。

①配置された **②表示された**

3 [プログラムモニター]パネルを確認する

[タイムライン]パネルに「3_01.MP4」クリップが配置され①、右上の[プログラムモニター]パネルに「3_01.MP4」クリップの映像が表示されます②。

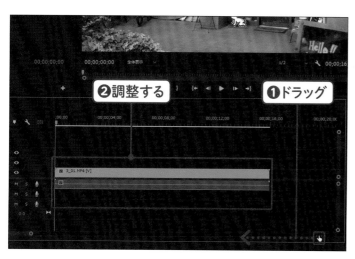

②調整する **①ドラッグ**

4 クリップの表示を調整する

[タイムライン]パネルの下にあるズームスライダーの右端を左にドラッグし①、クリップのサイズを図のように調整します②。[タイムライン]パネルに表示される時間が短くなり、クリップが大きく表示されます。

MEMO

マウスのスクロールボタンがある場合は、上下に回転させてもクリップのサイズを変更することができます。

①ドラッグ **②ドロップ**

5 「3_02.mp4」クリップを配置する

[プロジェクト]パネルの「3_02.mp4」クリップを[タイムライン]パネルにドラッグすると①、マウスポインターの表示が に変わります。そのまま「3_01.mp4」クリップの右端（アウトポイント）にくっつけるようにドロップして②、配置します。

Lesson 03

長さを調整しよう

配置したクリップの長さを調整します。クリップの配置と同じく基本的な操作方法を学びます。

練習ファイル	Movie0303a.prproj
完成ファイル	Movie0303b.prproj

1 [選択]ツールを選択する

ツールが他のものでは以降の手順が行えないので、[選択]ツールであることを確認します。[ツール]パネルから[選択]ツールをクリックします❶。

MEMO

キーボードの Ⅴ キーを押すことで[選択]ツールに切り替わります。

2 クリップの右端をクリックする

[タイムライン]パネルの「3_01.MP4」クリップの右端にマウスポインターを移動します。マウスポインターの表示が ◄| になったら、クリックします❶。

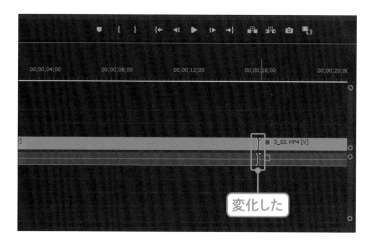

3 クリップの右端を確認する

図のように、クリップの右端が赤く変化します。

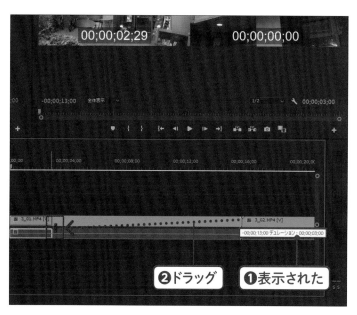

4 クリップの長さを短くする

赤く変化した部分をドラッグすると、クリップの下に
灰色のボックスでデュレーションが表示されるので
❶、ボックス内の表記が「-00;00;13;00　デュレー
ション00;00;03;00」になるように、クリップ右端
の赤い部分を左にドラッグして調整します❷。

MEMO

デュレーションとは、クリップの再生時間です。クリップの
長さを調整しにくい場合は、[タイムライン]パネルの下に
あるズームスライダーをドラッグして、クリップの表示サイ
ズを変えることで調整しやすくなります。

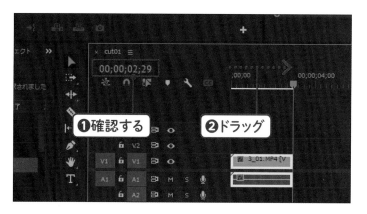

5 クリップの長さが変わったことを確認する

[タイムライン]パネルを確認します。再生ヘッドをク
リップの終わりまでドラッグして❶、移動させると、
[再生ヘッドの位置]が「00;00;02;29」となってい
ることが確認できます❷。「3_01.MP4」クリップの
長さが3秒間になりました。

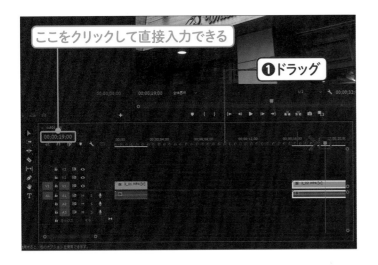

6 再生ヘッドを移動する

「3_02.MP4」クリップも3秒間に短くしていきます。
[タ イ ム ラ イ ン] パ ネ ル で 再 生 ヘ ッ ド を
「00;00;19;00」の位置までドラッグして❶、移動
します。

MEMO

再生ヘッドは左上の `00:00:19:00` をクリックして直接入力する
こともできます。

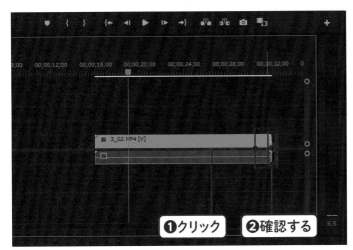

7 クリップの右端を クリックする

[タイムライン]パネルの「3_02.MP4」クリップの右
端にマウスポインター を移動します。マウスポイン
ターの表示が ⯇ になったら、クリックし❶、クリッ
プの右端が赤く変化したことを確認します❷。

MEMO

タイムライン下部のズームスライダーでクリップの表示サイ
ズを適宜変更し、作業しやすいようにします。

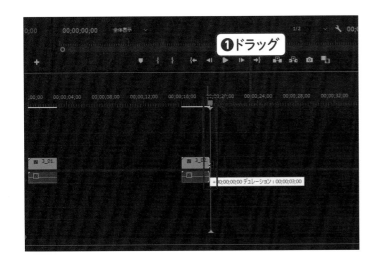

8 再生ヘッドの位置まで ドラッグする

赤く変化した部分を[再生ヘッドの位置]まで左にド
ラッグします❶。

9 [タイムライン]パネルで確認する

「3_02.MP4」クリップが3秒間に短くなりました。[タイムライン]パネルを確認すると、「3_02.MP4」クリップの開始位置が「00;00;16;00」、終了位置が「00;00;18;29」になっています。

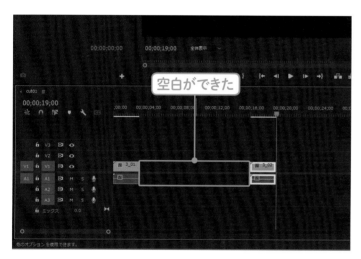

空白ができた

10 リップルを確認する

「3_01.MP4」クリップの長さを変えたことで、「3_02.MP4」クリップとの間に空白ができてしまいました。次節ではこの空白を削除する方法を学びます。

☑ Check! リップルとは

リップルは、タイムライン上のクリップとクリップの間の空白のことです。当然ながら再生すると、リップル部分は何も映らない真っ黒な映像として表示され、意図しないリップルは作品におけるエラーとなります。クリップを移動した際などにできる1フレーム単位のリップルは再生後に気付くことが多く、問題です。でき上がったシーケンスは[シーケンス]メニュー→[ギャップへ移動]→[トラック内で次へ]の順にクリックして❶、リップルが残っていないか検証するようにしましょう。

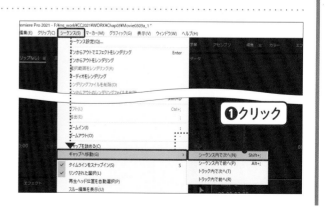

❶クリック

04

空白部分を削除しよう

練習ファイル　Movie0304a.prproj
完成ファイル　Movie0304b.prproj

片方のクリップの長さ（尺）を短くした場合などに、2つのクリップ間に空白ができます。Premiere Proではこの空白のことをリップルと呼びます。ここでは、クリップの長さを短くして、リップルを削除する方法を学びます。

● ドラッグ＆ドロップしてリップルを削除する

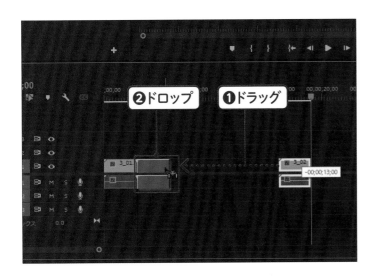

1 クリップをドラッグ＆ドロップする

「3_02.MP4」クリップをドラッグし❶、「3_01.MP4」クリップのアウトポイント（「00;00;03;00」）にスナップするようにドロップします❷。

MEMO

「3_01.MP4」が「3_02.MP4」に重なるようにドラッグ＆ドロップすると、上書きされてしまい意図しない部分が削除されてしまいます。スナップをうまく利用して、前のクリップのアウトポイントにくっつけるように移動しましょう。

2 [タイムライン]パネルで確認する

リップルの分だけ「3_02.MP4」クリップが左に移動したので、リップルが削除されました。

● [リップル] ツールを使用してクリップを短くする

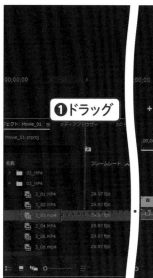

1 [タイムライン] パネルに クリップを配置する

[プロジェクト]パネルの「3_03.MP4」クリップを[タイムライン] パネルにドラッグすると❶、マウスポインターの表示が 📭 に変わります。そのまま「3_02.MP4」クリップのアウトポイントにくっつけるようにドロップします❷。

MEMO

イン（インポイント）、アウト（アウトポイント）とは開始点と終了点のことです。クリップの始まり・終わり部分などにも言い換えることができます。

2 [リップル] ツールを 選択する

[ツール] パネルの [リップル] ツール ↔️ をクリックします❶。

3 クリップの開始位置に マウスを移動する

[タイムライン] パネルの「3_03.mp4」クリップの左端にマウスポインターを合わせ、マウスポインターの表示が ▶️ になったらクリックします❶。

4 クリップの左端を確認する

図のように、「3_03.mp4」クリップの左端が黄色く
変化します❶。

5 [リップル] ツールでクリップの長さを調整する

黄色くなった部分を右にドラッグし❶、再生ヘッド
のところまでクリップの長さを調整します。

MEMO

再生ヘッドの位置は、前手順から移動していなければ
「00;00;19;00」にあります。

6 [タイムライン] パネルを確認する

リップルを作ることなくクリップの長さが調整できま
した。[リップル] ツール を使うと、自動的にリッ
プルを削除しながらクリップの長さを調整できます。

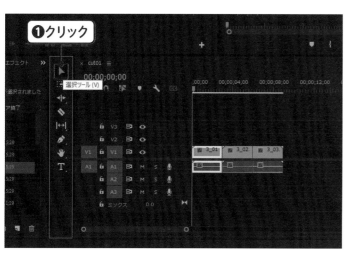

7　再生して確認する

[プログラムモニター]パネルの[インへ移動]  を
クリックし❶、[Space]キーを押して❷、再生します。
クリップが隙間なく配置できているか、実際に再生
して確認を行うようにしましょう。

MEMO

再生されている状態で、もう一度[Space]キーを押すと、
再生が停止します。

8　[選択]ツールを選択する

[選択]ツールに変更しておきましょう。[ツール]パ
ネルの[選択]ツール ▶ をクリックします❶。

☑ Check!　リップルの削除方法

リップルの削除方法をもうひとつ紹介します。リップルがあ
る部分で右クリック(Macは[control]キー+クリック)すると❶、
メニューが表示されるので、[リップル削除]をクリックしま
す❷。リップルのあった部分を詰めるようにクリップが左に
移動してくれます。クリップが増えてくると便利な機能です。
P.77で実際に操作してみます。

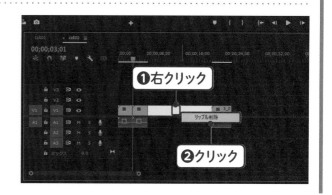

異なる場面を作成しよう

練習ファイル Movie0305a.prproj
完成ファイル Movie0305b.prproj

これまでに制作してきた「cut01」シーケンスは、お店の外観の映像をまとめたものです。ここでは、「cut02」シーケンスを作成し、内観の映像をまとめます。これまでとは違った手法でクリップを配置し、長さを調整します。

● クリップ編集用のシーケンスを作成する

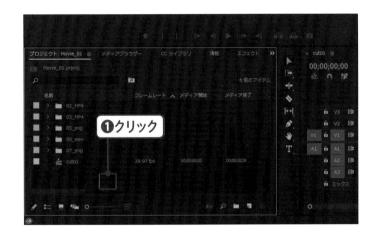

1 [プロジェクト]パネルをクリックする

[プロジェクト]パネルの何もないところをクリックし❶、ビンなどを選択しないようにしておきます。

MEMO

ビンを選択した状態でシーケンスを作成すると、ビンの中にシーケンスが作成されます。

2 新規シーケンスを作成する

[ファイル]メニュー → [新規] → [シーケンス]の順にクリックします❶。

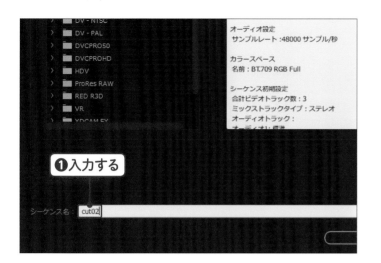

3 シーケンス名を設定する

[新規シーケンス] 画面が表示されるので、[シーケンス名] に「cut02」と入力します❶。

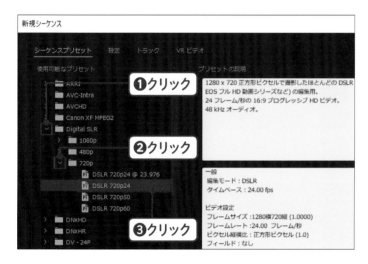

4 プリセットから 編集モードを設定する

[使用可能なプリセット] の [Digital SLR] の ▶ をクリックし❶、表示された項目から [720p] の ▶ をクリックし❷、[DSLR 720p24] をクリックして❸、選択します。

5 [設定] タブで タイムベースを変更する

動画ファイルの形式とシーケンスの形式を合わせるため、[設定] タブでフレームレートを変更します。[設定] タブをクリックし❶、タイムベースを [29.97 フレーム/秒] に変更します❷。

6 [新規シーケンス]画面を閉じる

[OK]ボタンをクリックし❶、[新規シーケンス]画面を閉じます。

7 複数のクリップを配置する

[プロジェクト]パネルの「03_MP4」ビンの中にある「3_04.MP4」クリップをクリックして、選択し、Shift キーを押しながら「3_06.mp4」クリップをクリックで複数選択します❶。[タイムライン]パネルの「cut02」シーケンスの[V1]トラックにドラッグ＆ドロップします❷。

8 一度に複数のクリップが配置される

[タイムライン]パネルに「3_04.MP4」、「3_05.MP4」、「3_06.mp4」が配置されました。

MEMO

クリックをした順番に[タイムライン]パネルに配置されるので、[プロジェクト]パネルで「3_06.MP4」からクリックして複数選択すると、[タイムライン]パネルに「3_06.MP4」が先頭で配置されます。

● クリップの長さを短くする

1 [ソースモニター]パネルに表示する

クリップの長さを短くするために、[ソースモニター]パネルを使用します。[タイムライン]パネルで「3_04.MP4」クリップをダブルクリックし❶、[ソースモニター]パネルに表示します❷。

2 開始点を設定する

[ソースモニター]パネルで[再生ヘッドの位置]が「00;00;00;00」にあることを確認し❶、[インをマーク] をクリックします❷。

3 終了点を設定する

[ソースモニター]パネルで[再生ヘッドの位置]が「00;00;03;00」になるまで[再生ヘッド]を右にドラッグし❶、[アウトをマーク] をクリックします❷。

4 [タイムライン]パネルで確認する

[タイムライン]パネルの再生ヘッドを「3_04.MP4」クリップ上で左右にドラッグして❶、動かしてみましょう、クリップが3秒間に短くなっていることが確認できます❷。

5 「3_05.MP4」、「3_06.MP4」クリップの長さを短くする

P.75 手順 1 から手順 3 までの操作を参考にして、以下の表のとおり、クリップを設定します。

クリップ	インをマーク	アウトをマーク
3_05.MP4	「00;00;00;00」	「00;00;03;00」
3_06.MP4	「00;00;00;00」	「00;00;04;00」

6 [タイムライン]パネルで確認する

[タイムライン]パネルを確認すると、クリップがそれぞれ短くなっていることが確認できます❶。同時にクリップが短くなった分、クリップ間にリップル（空白）ができています。以降の手順でリップルを削除していきます。

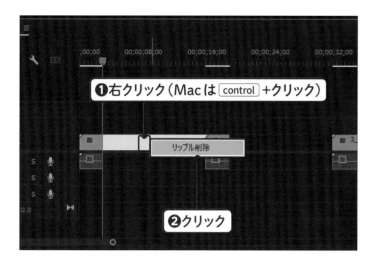

7 「3_04.MP4」「3_05.MP4」クリップ間のリップルを削除する

[タイムライン]パネルの「3_04.MP4」クリップと
「3_05.MP4」クリップの間で右クリック（Macは
control キー＋クリック）をすると❶、メニューが表
示されるので、[リップル削除]をクリックします❷。

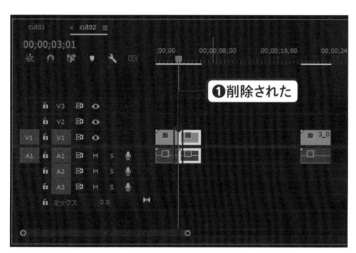

8 [タイムライン]パネルで確認する

「3_05.MP4」クリップが「3_04.MP4」クリップに
スナップするように左に移動し、クリップ間のリップ
ルが削除されました❶。

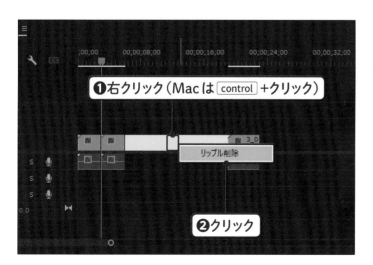

9 「3_05.MP4」「3_06.MP4」クリップ間のリップルを削除する

[タイムライン]パネルの「3_05.MP4」クリップと
「3_06.MP4」クリップの間で右クリック（Macは
control キー＋クリック）をすると❶、メニューが表
示されるので、[リップル削除]をクリックします❷。

06

使用する範囲を決めよう

| 練習ファイル | Movie0306a.prproj |
| 完成ファイル | Movie0306b.prproj |

収録時間の長いインタビュー動画などでは、1つのクリップを流用し、使用範囲を切り取って複製することがあります。ここでは複製の準備として使用範囲を決めます。

1 [ソースモニター]パネルにクリップを表示する

[プロジェクト]パネルの「03_MP4」ビンの **>** をクリックし❶、「3_07.MP4」クリップをダブルクリックします❷。

MEMO

クリップを右クリック（Macは control +クリック）して[ソースモニターで開く]をクリックしても開くことができます。

2 クリップが表示される

[ソースモニター]パネルに「3_07.MP4」クリップが表示されました❶。

3 インポイントを設定する

[ソースモニター]パネルの再生ヘッドを
「00;00;02;15」までドラッグし❶、[ソースモニ
ター]パネルの[インをマーク] をクリックします
❷。

4 アウトポイントを設定する

[ソースモニター]パネルの再生ヘッドを
「00;00;11;15」にドラッグし❶、[ソースモニター]
パネルの[アウトをマーク] をクリックします❷。

5 [ソースモニター]パネルで確認する

[ソースモニター]パネルのタイムルーラーを見ると、
インポイントとアウトポイントが設定され、「3_07.
MP4」クリップの使用範囲が確認できます❶。次の
レッスンでトリミングした範囲をサブクリップとして
作成します。

Lesson

07 複製しよう

| 練習ファイル | Movie0307a.prproj |
| 完成ファイル | Movie0307b.prproj |

編集したクリップをサブクリップとして作成することで、元のクリップを残しながら作業を行うことができます。ここでは、Lesson 06でトリミングしたクリップのサブクリップを作成します。

● サブクリップを作成する

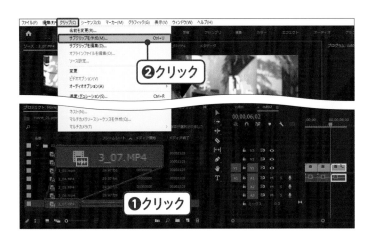

1 「3_07.MP4」の サブクリップを作成する

［プロジェクト］パネルの「3_07.MP4」クリップをクリックして❶、選択し、［クリップ］メニュー→［サブクリップを作成］の順にクリックします❷。

MEMO

［サブクリップを作成］が表示されない場合は、［ソースモニター］パネルをクリックし、アクティブにしましょう。

2 サブクリップの名前を 設定する

［名前］に「3_07.sub01」と入力して❶、［OK］をクリックします❷。

MEMO

サブクリップ名は、［プロジェクト］パネルであとから変更することもできます。できる限り、わかりやすい名前にしましょう。

②表示された

①ダブルクリック

3 [ソースモニター] パネルに表示する

[プロジェクト] パネルに「3_07.sub01」クリップが作成されました。「3_07.sub01」クリップをダブルクリックし①、[ソースモニター] パネルに表示します②。

①ドラッグ

4 サブクリップを確認する

[ソースモニター] パネルの再生ヘッドをドラッグすると①、Lesson 06でインポイントとアウトポイントを設定してトリミングした範囲が、サブクリップとして作成されていることが確認できます。

☑Check! マスタークリップとサブクリップについて

読み込んだ元のソースクリップのことをマスタークリップと呼びます。そのマスタークリップを複製したクリップをサブクリップといいます。サブクリップは、マスタークリップの内容を参照しますが、独自にトリミングなどの編集を行うことが可能です。元のクリップを残しつつ編集したい場合は、サブクリップを利用すると、非常に便利です。

マスタークリップ

サブクリップ

複製したクリップを編集しよう

練習ファイル　Movie0308a.prproj
完成ファイル　Movie0308b.prproj

サブクリップは、マスタークリップの内容を参照しているので、いくつも複製・編集することができます。ここでは、Lesson 07で作成したサブクリップを複製し、異なる再生時間にトリミングする方法を学びます。

● サブクリップを複製する

1 「3_07.sub01」サブクリップを選択する

[プロジェクト]パネルの「3_07.sub01」クリップをクリックして❶、選択します。

2 「3_07.sub01」サブクリップを複製する

[編集]メニュー→[複製]の順にクリックします❶。

3 [プロジェクト]パネルで確認する

「3_07.sub01 コピー01」クリップが[プロジェクト]パネルに作成されました。

4 クリップの名前を変更する

「3_07.sub01 コピー01」クリップを右クリック（Macは control キー+クリック）し❶、[名前を変更]をクリックします❷。

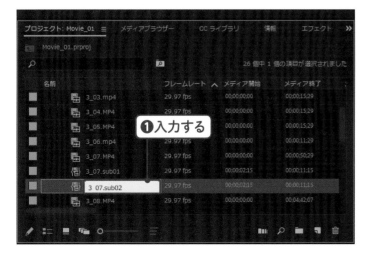

5 コピーしたサブクリップの名前を変更する

「3_07.sub02」と入力します❶。

● サブクリップを編集する

1 サブクリップを選択する

[プロジェクト] パネルの「3_07.sub02」サブクリップをクリックします❶。

2 サブクリップを編集する

[クリップ] メニュー→ [サブクリップを編集] の順にクリックします❶。

3 終了時間を設定する

[サブクリップを編集] 画面が表示されます。[サブクリップ] の [終了] を「00;00;47;00」と入力します❶。

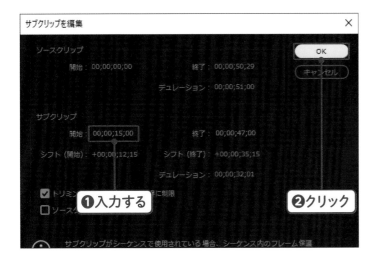

4 開始時間を設定する

[サブクリップ] の [開始] を「00;00;15;00」と入力し❶、[OK] をクリックします❷。

5 サブクリップの内容を確認する

[プロジェクト] パネルの「3_07.sub02」クリップをダブルクリックし❶、[ソースモニター] パネルに表示します❷。[インへ移動] ▐◀ をクリックすると❸、[再生ヘッドの位置] が「00;00;15;00」に、[アウトへ移動] ▶▌ をクリックすると❹、[再生ヘッドの位置] が「00;00;47;00」となり [サブクリップを編集] で設定したとおりに表示されました。

☑ Check! 終了時間から設定する理由

サブクリップを編集する際、開始時間から設定すると、意図しないトリミングとなってしまうことがあります。これは設定する開始時間が元の終了時間より遅いなど、整合性がとれない場合に自動修正されてしまうことで起こってしまう事象です。先に終了時間から設定すれば、どんな開始・終了時間でも意図したトリミングを行うことができます。まず終了時間から設定するように習慣付けて、効率のいい編集作業を行えるようにしましょう。

Lesson
09 画面を切り替えよう

| 練習ファイル | Movie0309a.prproj |
| 完成ファイル | Movie0309b.prproj |

インタビュー動画などでは、音声はそのままに画面が切り替わる演出がよくあります。ここでは、画面だけを切り替える方法を学びます。

● クリップ編集用のシーケンスを作成する

1 [プロジェクト]パネルをクリックする

[プロジェクト]パネルの何もないところをクリックし❶、ビンなどを選択しないようにしておきます。

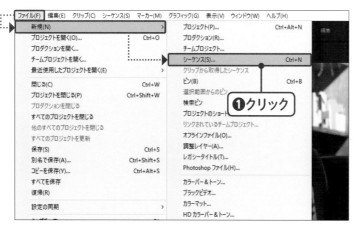

2 新規シーケンスを作成する

[ファイル]メニュー →[新規]→[シーケンス]の順にクリックします❶。

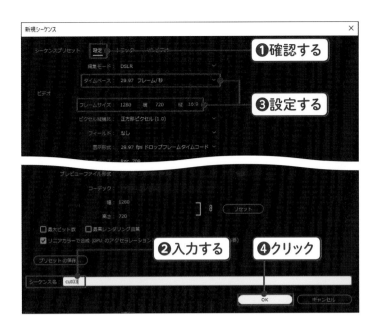

3 [新規シーケンス]画面を設定する

[新規シーケンス]画面が開くので、[設定]タブになっていることを確認し❶、[シーケンス名]に「cut03」と入力します❷。[タイムベース]と[フレームサイズ]の項目を以下のように設定し❸、[OK]をクリックします❹。

タイムベース	29.97 フレーム/秒
フレームサイズ横	1280
フレームサイズ縦	720

● 複数の[クリップ]を同時に配置する

1 複数選択する

表示したい順にクリックして複数選択します。[プロジェクト]パネルの「3_07.sub01」をクリックし❶、Ctrl（Macは command）キーを押しながら「3_07.sub02」をクリックします❷。

2 [V1]トラックに配置する

複数選択された状態で[タイムライン]パネルにドラッグ＆ドロップして❶、配置します。一度に複数のクリップが配置されます。

● 切り替わる画面「3_09.MP4」の開始・終了点を設定する

1 クリップを表示する

[プロジェクト] パネルの「3_09.MP4」クリップをダブルクリックし❶、[ソースモニター] パネルに「3_09.MP4」クリップを表示します❷。

2 インポイントと アウトポイントを設定する

[ソースモニター] パネルの再生ヘッドを「00;00;00;00」にドラッグし❶、[ソースモニター] パネルの [インをマーク] ﹛ をクリックします❷。
[ソースモニター] パネルの再生ヘッドを「00;00;04;00」にドラッグし❸、[ソースモニター] パネルの [アウトをマーク] ﹜ をクリックします❹。

● 切り替わる画面「3_09.MP4」を [V2] トラックに配置する点を設定する

1 再生ヘッドを移動する

「3_09.MP4」の再生開始位置を決めます。ここでは再生ヘッドを「00;00;05;00」にドラッグして❶、移動します。

2 「3_09.MP4」クリップを配置する

[プロジェクト] パネルの「3_09.MP4」クリップのインポイントを、[V2] トラックの再生ヘッドにくっつけるようにドラッグ＆ドロップします❶。

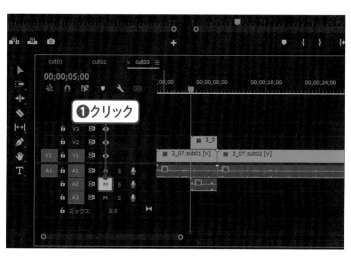

3 ミュートにする

[A2] トラックの [トラックをミュート] をクリックします❶。

4 再生して確認する

[プログラムモニター] パネルの [インへ移動] をクリックし❶、Space キーを押して再生確認します❷。音声は「3_07.sub01」そのままに、画面だけが「3_07.sub01」から「3_09.MP4」へと切り替わりました。

89

Lesson

10

繰り返し配置しよう

練習ファイル　Movie0310a.prproj
完成ファイル　Movie0310b.prproj

映像編集は、クリップの長さ調整・配置の繰り返しの作業です。第3章で学んだことを繰り返し行い、編集技術を身につけましょう。

1　[ソースモニター] パネルに表示する

[プロジェクト] パネルで「3_10.MP4」をダブルクリックします❶。

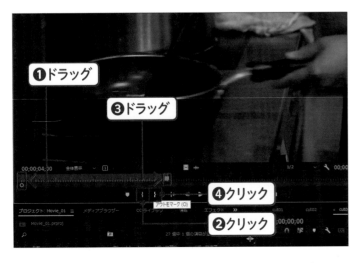

2　開始点と終了点を設定する

[ソースモニター] パネルの再生ヘッドを「00;00;00;00」にドラッグし❶、[ソースモニター] パネルの [インをマーク] をクリックします❷。次にソースモニターパネルの再生ヘッドを「00;00;04;00」にドラッグし❸、[ソースモニター] パネルの [アウトをマーク] をクリックします❹。

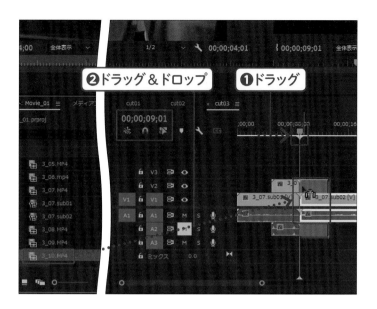

3 [タイムライン]パネルに配置する

[タイムライン]パネルで、再生ヘッドを「00;00;09;01」へドラッグし❶、[V2]トラックの再生ヘッドに「3_10.MP4」クリップのインポイントをくっつけるようにドラッグ＆ドロップします❷。

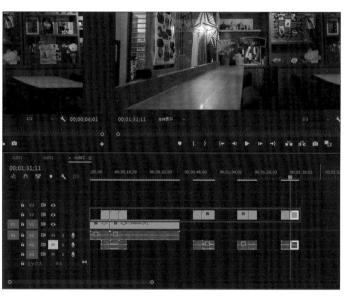

4 繰り返し配置する

手順 1 から 3 までの操作を参考にして、以下の表のとおり、クリップを設定します。

クリップ	インをマーク	アウトをマーク	[V2]トラックへの配置位置
3_11.MP4	「00;00;00;00」	「00;00;04;00」	00;00;13;02
3_12.MP4	「00;00;00;00」	「00;00;04;00」	00;00;47;05
3_13.mp4	「00;00;00;00」	「00;00;06;00」	00;00;51;06
3_14.MP4	「00;00;48;00」	「00;00;53;00」	00;01;07;15
3_15.MP4	「00;00;50;15」	「00;00;54;15」	00;01;12;16
3_16.mp4	「00;00;00;00」	「00;00;04;00」	00;01;27;10
3_17.MP4	「00;00;00;00」	「00;00;04;00」	00;01;31;11

● 使用する範囲を決める

1 [ソースモニター]に
クリップを表示する

[プロジェクト]パネルの「3_08.MP4」クリップをダブルクリックします**❶**。

2 インポイントと
アウトポイントを設定する

[ソースモニター]パネルの再生ヘッドを「00;00;23;15」までドラッグし**❶**、[ソースモニター]パネルの[インをマーク] ![icon] をクリックします**❷**。[ソースモニター]パネルの再生ヘッドを「00;00;48;05」にドラッグし**❸**、[ソースモニター]パネルの[アウトをマーク] ![icon] をクリックします**❹**。

☑ Check! サブクリップの作成について

サブクリップの作成は、あらかじめ[ソースモニター]パネルで範囲を決めておかなければ作成できません。[インをマーク]と[アウトをマーク]を利用して、短くしておきましょう。あらかじめ範囲を決めておかないと、[クリップ]メニューの[サブクリップを作成]が薄い灰色文字で表示され、クリックできません。

● サブクリップを作成する

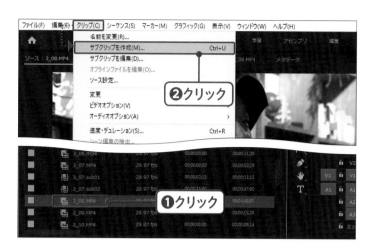

1 サブクリップを作成する

[プロジェクト] パネルの「3_08.MP4」クリップをクリックし❶、[クリップ] メニュー→[サブクリップを作成] の順にクリックします❷。

MEMO

[サブクリップを作成] が表示されない場合は、[ソースモニター] パネルをクリックし、アクティブにしましょう。

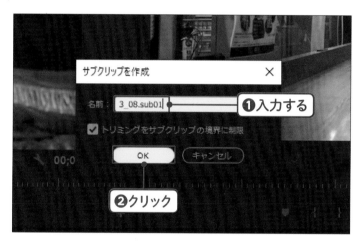

2 サブクリップの名前を設定する

[名前] に「3_08.sub01」と入力して❶、[OK] をクリックします❷。

MEMO

サブクリップ名は、[プロジェクト] パネルであとから変更することもできます。できる限り、わかりやすい名前にしましょう。

3 [タイムライン] パネルに配置する

「3_08.sub01」を [V1] トラックの「3_07.sub02」にスナップするようにドラッグ＆ドロップします❶。

● サブクリップを複製する

1 サブクリップを複製する

[プロジェクト] パネルの「3_08.sub01」クリップを
クリックし❶、[編集] メニュー→ [複製] の順にク
リックします❷。

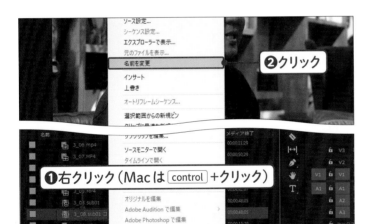

2 クリップの名前を変更する

複製された「3_08.sub01 コピー01」クリップを右
クリック (Macは control キー+クリック) し❶、[名
前を変更] をクリックします❷。

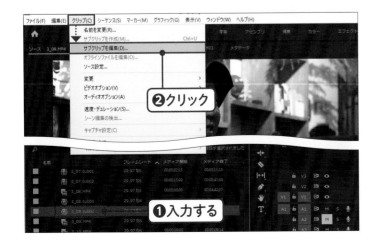

3 サブクリップを編集する

コピーしたサブクリップの名前を「3_08.sub02」と
入力します❶。「3_08.sub02」サブクリップが選
択されていることを確認し、[クリップ] メニュー→ [サ
ブクリップを編集] の順にクリックします❷。

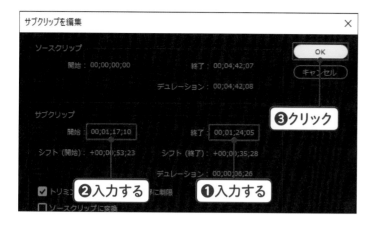

4 時間を設定する

[サブクリップを編集] 画面が表示されます。[サブクリップ] の [終了] を「00;01;24;05」と入力し❶、[サブクリップ] の [開始] を「00;01;17;10」と入力して❷、[OK] をクリックします❸。

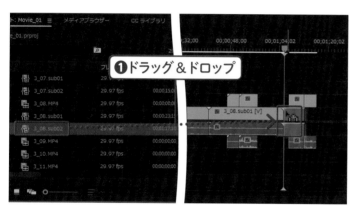

5 [タイムライン] パネルに配置する

[V1] トラックの「3_08.sub01」にスナップするように、「3_08.sub02」をドラッグ＆ドロップします❶。「00;01;05;25」に配置できました。

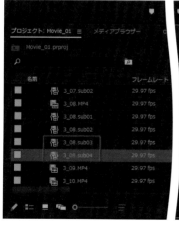
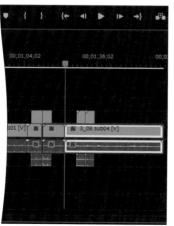

6 繰り返し配置する

P.94「サブクリップを複製する」以降の手順 1 から P.95手順 5 までの操作を参考にして、以下の表のとおり、クリップを設定します。

MEMO

必ず、終了点を設定してから開始点を設定するようにしましょう。

クリップ	開始点	終了点	[V1]トラックへの配置位置
3_08.sub03	「00;01;36;00」	「00;01;45;15」	00;01;12;21
3_08.sub04	「00;02;29;15」	「00;03;12;15」	00;01;22;07

ショートカットキーについて

Chapter 03 で学んだことが編集作業の基本的な部分です。各種ツールの使い方や、サブクリップの使い方、[ソースモニター]パネルの使い方などを覚えましょう。また編集作業に慣れてくるとショートカットキーが便利です。ここでは覚えておくと便利なショートカットキーを一部紹介します。試してみて、使い勝手がよさそうなものは習慣付けるようにしましょう。

	Windows	Mac
取り消し（1つ前の操作に戻る）	Ctrl + Z	command + Z
やり直し（取り消し操作のやり直し）	Ctrl + Shift + Z	command + Shift + Z
カット	Ctrl + X	command + X
コピー	Ctrl + C	command + C
ペースト	Ctrl + V	command + V
すべてを選択	Ctrl + A	command + A
[選択]ツール	V	V
[リップル]ツール	B	B
[レーザー]ツール	C	C
再生 / 停止	Space	Space
スナップのON/OFF	S	S
1フレーム前	←	←
1フレーム先	→	→

文字を追加しよう

第4では字幕やテロップの作成方法を学びます。[横書き文字]ツールを使うことで、効果的なテキストを作成することができます。

文字を追加しよう

完成イメージ

第4章では、Premiere Proに標準機能としてある［横書き文字］ツールを使って、字幕やテロップを作成する方法を解説します。スタイルや効果を変更して、効果的な字幕を作成しましょう。

POINT 1　セーフマージンを表示する

見やすい字幕を作るためにセーフマージンを表示させます。

➡ P.100

POINT 2　［横書き文字］ツールでテキストを作成する

［横書き文字］ツールでテキストから字幕を作成する方法を学びます。

➡ P.102

POINT 3　サイズや配置を調整する

［エッセンシャルグラフィックス］を使って、フォントや文字サイズを変更します。

➡ P.104

POINT 4　スタイルや効果を設定します。

文字に影を付けることで可読性を上げる方法を学びます。

➡ P.108

テキストを作成する 準備をしよう

Lesson 01

練習ファイル	Movie0401a.prproj
完成ファイル	Movie0401b.prproj

動画にテキストを追加する前に、準備しておいた方がよいツールやウィンドウを表示させます。

1 シーケンス「cut02」を 表示させる

字幕を作成するシーケンスを表示させます。[プロジェクト]パネルの「cut02」シーケンスをダブルクリックします❶。

MEMO

[プロジェクト]パネルが表示されていない場合は、[ウィンドウ]メニュー→[プロジェクト]の順にクリックします。

2 再生ヘッドを移動する

[タイムライン]パネルにcut02が表示されました。再生ヘッドをシーケンスのはじめに移動します。[プログラムモニター]パネルの[インへ移動] ![インへ移動アイコン]をクリックします❶。

❶右クリック（Macは control ＋クリック）

❷クリック

3　［セーフマージン］を表示させる

［プログラムモニター］パネル上で右クリック（Macは control キー＋クリック）し❶、表示されるメニューから［セーフマージン］をクリックします❷。

表示された

4　［プログラムモニター］パネルで確認する

セーフマージンが表示されました。

☑ Check!　セーフマージンについて

セーフマージンとはテレビやモニターで、図形やテキストがデザインとして正しく表示される目安です。セーフマージンを表示させると大小の長方形が表示されますが、内側の小さいものがタイトルセーフ、外側の大きいものがアクションセーフと呼ばれます。一般的にタイトルなどの重要な情報は内側のタイトルセーフ80％に収めることが望ましいです。また図形などの情報は外側のアクションセーフ90％に収めることが望ましいとされています。

Lesson

02

テキストを作成しよう

練習ファイル　Movie0402a.prproj
完成ファイル　Movie0402b.prproj

[横書き文字] ツールを使用することで [プログラムモニター] パネルで直接文字を入力することができます。

1 [横書き文字] ツールを選択する

文字を入力するために [選択] ツールからツールを切り替えます。[ツール] パネルの [横書き文字] ツール T をクリックします❶。

2 [プログラムモニター] パネルをクリックする

[プログラムモニター] パネルの任意の位置をクリックすると❶、赤い縦線のボックスが表示されます。[タイムライン] パネルの [V2] トラックに [グラフィックレイヤー] が自動生成されたのが確認できます❷。

3 テキストを入力する

以下のテキストを入力します❶。

お洒落で居心地のいいカフェとして評判のWhistle CAFEですが
店長の吉田さんに　お店作りについてのお話をお伺いしました

MEMO

テキスト入力は、コピー＆ペーストした方が簡単です。入
力したい文章をメモ帳やテキストエディットに書き起こして
おくことをおすすめします。

4 レイヤーを選択する

現状では5秒しかテキストが表示されないので、表
示時間を変更します。[ツール]パネルの[選択]ツー
ル ▶ をクリックし❶、テキストを入力した[グラ
フィックレイヤー]の右端をクリックして❷、赤く表
示させます。

5 レイヤーの表示時間を 調整する

「3_06.MP4」のアウトポイントにスナップするよう
に、赤い部分を右にドラッグして❶、調整します。

MEMO

スナップができない場合は、[タイムライン]パネルの[タ
イムラインをスナップイン(S)] が青く有効になっている
か確認しましょう。

サイズと配置を調整しよう

| 練習ファイル | Movie0403a.prproj |
| 完成ファイル | Movie0403b.prproj |

テキスト編集を行う［エッセンシャルグラフィックス］パネルを使用して、フォントや文字サイズなどを調整します。

1 ［エッセンシャルグラフィックス］パネルを表示する

［ウィンドウ］メニュー→［エッセンシャルグラフィックス］の順にクリックします❶。［エッセンシャルグラフィックス］パネルが追加されます。

MEMO

P.33を参考に、パネルは見やすいように随時広げたり縮めたりしましょう。

2 ［グラフィックレイヤー］を選択する

［タイムライン］パネルで［V2］トラックにある［グラフィックレイヤー］をクリックします❶。

3 [編集] タブをクリックする

[エッセンシャルグラフィックス] パネル内に [参照]
タブと [編集] タブがあるので、[編集] タブをクリックして❶、切り替えます。

4 テキストレイヤーを選択する

[エッセンシャルグラフィックス] パネルの [編集] タブ内にあるテキストレイヤーをクリックし❶、[整列と変形]、[テキスト] などの編集画面を表示させます。

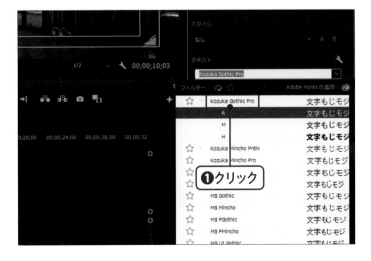

5 フォントを変更する

画面をスクロールし、[テキスト] の [フォント] プルダウンメニューから[Kozuka Gothic Pro]をクリックして❶、変更します。

MEMO

[Kozuka Gothic Pro]（または [小塚ゴシック Pro]）がない場合は、任意のフォントを選択します。

6 フォントスタイルを変更する

[テキスト]の[フォントスタイル]プルダウンメニューから[M]をクリックして❶、変更します。

7 フォントサイズを変更する

[フォントサイズ]の数値部分をクリックし、「30」と入力します❶。

8 フォントを中央に移動する

[整列と変形]から[垂直方向中央] 🔲 をクリックし❶、右隣の[水平方向中央] 🔲 をクリックします❷。

9 位置を変更する

テキストを中央に整列できたので、画面下部に移動させます。[アニメーションの位置を切り替え]で、右側の数値を「605」と入力します❶。

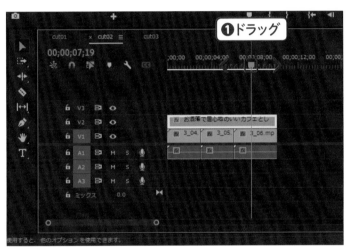

10 再生して確認する

[タイムライン]パネルの再生ヘッドを左右にドラッグします❶。「cut02」に並べられた3つのクリップと同じ時間だけ、字幕が表示されるようになりました。

 Check! **座標XYについて**

Premiere Proでは、位置のパラメーターは左からX、Yです。画面に対して、Xが横に移動し、Yが縦に移動します。手順 9 で右側の数値を調整したのは、縦に移動させたかったためです。目的に応じて、位置のパラメーターを調整できるようにしましょう。

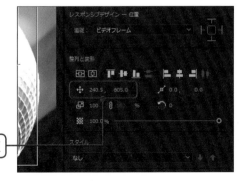

左がXの値で、右がYの値

スタイルや効果を設定しよう

字幕と背景が同系色の場合、可読性が悪くなってしまうことがあります。ここではテキストに影を付けることで、読みやすい字幕を作成します。

| 練習ファイル | Movie0404a.prproj |
| 完成ファイル | Movie0404b.prproj |

1 テキストレイヤーを選択する

[エッセンシャルグラフィックス] パネルの [編集] タブ内にあるテキストレイヤーをクリックし❶、[アピアランス] を表示させます❷。

MEMO

[エッセンシャルグラフィックス] のパネルが見当たらない方は、P.104の手順❶を参照ください。

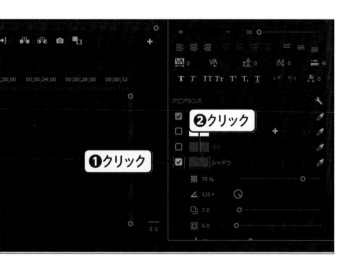

2 シャドウを有効にする

[エッセンシャルグラフィックス] パネルの [アピアランス] から [シャドウ] のチェックボックスをクリックして❶、チェックを入れます。[シャドウ] のカラーバーをクリックします❷。

3 [シャドウ]の色を変更する

色を下記に変更し❶、[OK] をクリックします❷。

R	31
G	31
B	31

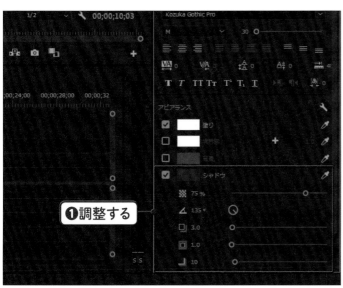

4 各数値を調整する

各数値を下記のように調整します❶。

不透明度	75%
角度	135.0
距離	3.0
サイズ	1.0
ブラー	10

MEMO

[シャドウ] の各項目はアイコンにマウスオンすることで、名称が表示されます。

5 [プログラムモニター]パネルで確認する

再生ヘッドを左右に動かして、シャドウのチェックを外したり入れたりして、背景と文字の間に影が入ったことを確認します❶。

MEMO

[プログラムモニター]パネルを選択し、キーボードの@キーを押すと全画面表示されます。全画面解除はもう一度@キーを押します。

05 繰り返し配置しよう

字幕入れは繰り返しの作業です。ここでは、効率よく複数の字幕を作成する
方法を学びます。

| 練習ファイル | Movie0405a.prproj |
| 完成ファイル | Movie0405b.prproj |

● 異なるシーケンスにグラフィックレイヤーを複製する

1 [グラフィックレイヤー]を複製する

グラフィックレイヤーは、スタイルやフォントを維持したまま複製することができます。「cut02」シーケンスで作成したグラフィックレイヤーをクリックして❶、Alt（Macは option ）キーを押しながら、「cut01」シーケンスのタブにドラッグすると❷、[タイムライン]パネルが「cut01」に切り替わります。

2 「cut01」シーケンスの[V2]トラックに配置する

[タイムライン]パネルで「cut01」シーケンスに切り替わったら、そのまま[cut01]の[V2]トラックにドロップします❶。

3 [タイムライン]パネルで確認する

「cut01」シーケンスの[V2]トラックに同じスタイルのグラフィックレイヤーが複製されました。「cut02」の方がクリップ表示時間が長いため、「cut01」に複製すると、グラフィックレイヤーの表示時間が長く余ってしまっています。

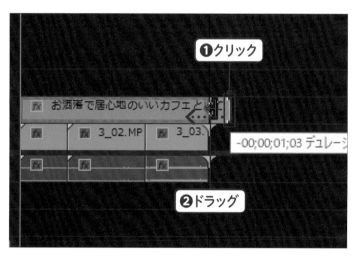

4 表示時間を調整する

[グラフィックレイヤー]の右端をクリックし❶、赤く表示されたら「3_03.MP4」のアウトポイントにスナップするようにドラッグして❷、短くします。

5 [グラフィックレイヤー]を選択する

テキストの内容を変更するために、[タイムライン]パネルで[グラフィックレイヤー]をクリックします❶。

4

文字を追加しよう

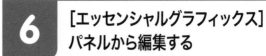

6 [エッセンシャルグラフィックス]
パネルから編集する

[エッセンシャルグラフィックス] パネルの [編集] タブをクリックし ❶、[テキストレイヤー] をダブルクリックします ❷。

MEMO

タイムラインで、グラフィックレイヤーの位置に再生ヘッドがないと、[プログラムモニター] パネルに文字が表示されません。

7 テキストを入力する

[プログラムモニター] パネルで赤く表示されるので、以下のテキストを入力します ❶。

Whistle CAFE
早稲田大学のすぐ近く 老若男女に愛される高田馬場の人気カフェ

●「cut03」にグラフィックレイヤーを複製する

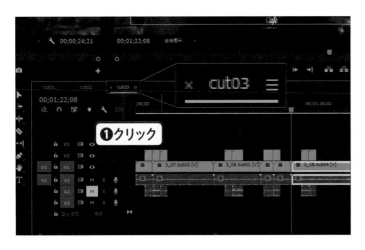

1 「cut03」シーケンスに
切り替える

[タイムライン] パネル上部の [cut03] タブをクリックして ❶、[cut03] シーケンスに切り替えます。

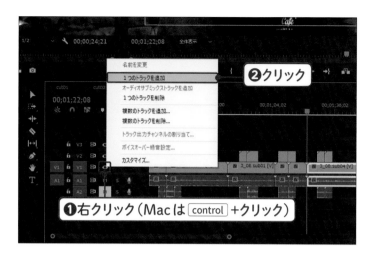

2 「cut03」シーケンスでトラックを追加する

[V1]トラックの 👁 上で右クリック（Macは control キー＋クリック）し❶、[1つのトラックを追加]をクリックします❷。

3 [タイムライン]パネルを確認する

[V1]トラックの上に新たに[V2]トラックが追加され、以前[V2]トラックにあったクリップが[V3]トラックに移動しました。

MEMO

トラックはレイヤー構造になっており、[V1]と[V3]トラックの間にテキストを作成することで、[V3]トラックのクリップが再生されている間は、[V2]トラックのテキストを表示させない演出上の狙いがあります。

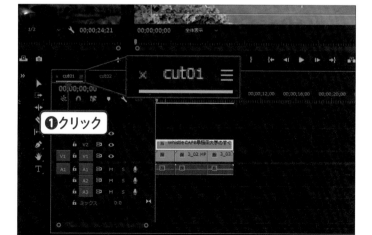

4 「cut01」シーケンスに切り替える

[cut01]タブをクリックして❶、[cut01]シーケンスに切り替えます。

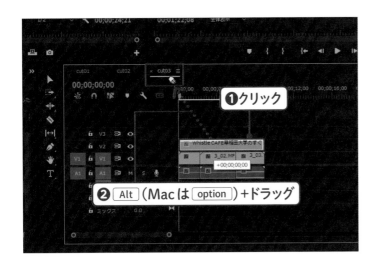

5 [グラフィックレイヤー]を複製する

「cut01」シーケンスで作成したグラフィックレイヤーをクリックし❶、Alt（Macはoption）キーを押しながら、「cut03」シーケンスのタブにドラッグすると❷、[タイムライン]パネルが「cut03」に切り替わります。

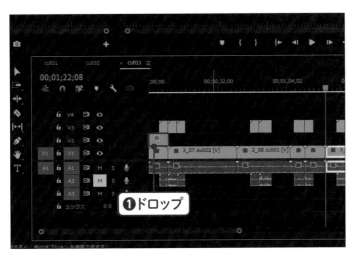

6 「cut03」シーケンスの[V2]トラックに配置する

[タイムライン]パネルで「cut03」シーケンスに切り替わったら、そのまま「cut03」の[V2]トラックにドロップします❶。

MEMO

再生ヘッドをシーケンスのはじめ（複製したグラフィックレイヤーが見える位置）に移動しておきましょう。

7 [編集]タブからテキストレイヤーを選択する

「cut03」はインタビューの映像です。出演者の字幕は画面下部に、質問事項は画面中央の右側に配置したいので位置を変更します。[エッセンシャルグラフィックス]パネルの[編集]タブから[テキストレイヤー]をクリックします❶。

8 位置を変更する

［整列と変形］内の［アニメーションの位置を切り替え ✛ の数値を以下のように設定します ❶。

位置	900.0	353.9

9 テキスト内容を変更する

テキストレイヤーをダブルクリックして ❶、［プログラムモニター］パネルで赤く表示させます。以下のテキストを入力します ❷。

Whistle CAFE は
どんなお店ですか？

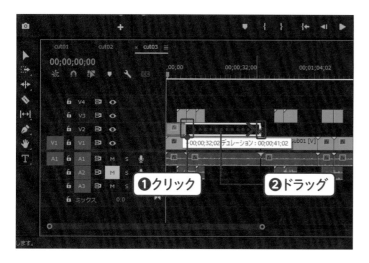

10 表示時間を変更する

［タイムライン］パネルで［グラフィックレイヤー］の右端をクリックし ❶、赤く表示されたら［V1］トラックにある「3_07.sub02」のアウトポイントまでドラッグします ❷。

11 クリップの表示を調整する

[タイムライン]パネルの下のズームスライダーの右端を右にドラッグし❶、クリップのサイズを図のように調整します❷。[タイムライン]パネルに表示される時間が長くなり、クリップが小さく表示されます。クリップの表示時間を調整することで、以降の複製が行いやすくなります。

● 同じシーケンス内に複製する

1 [グラフィックレイヤー]を複製する

「cut03」シーケンスで作成した「Whistle CAFEはどんなお店ですか?」グラフィックレイヤーをクリックし❶、Alt（Macは option ）キーを押しながら「Whistle CAFEはどんなお店ですか?」グラフィックレイヤーのアウトポイントにスナップするようにドラッグ&ドロップします❷。

2 再生ヘッドを移動する

再生ヘッドを複製したレイヤーのところ（「00;01;00;05」付近）までドラッグして❶、移動します。複製した[グラフィックレイヤー]をクリックします❷。

MEMO

再生ヘッドの位置にある[クリップ]、[グラフィックレイヤー]などが、プログラムモニターに表示されます。

3 テキストレイヤーを選択する

[エッセンシャルグラフィックス] パネルの [編集] タブから [テキストレイヤー] をクリックします❶。

4 位置を変更する

[整列と変形] 内の [アニメーションの位置を切り替え] の数値を以下のように設定します❶。

位置	900.0	353.9

5 テキスト内容を変更する

テキストレイヤーをダブルクリックして❶、[プログラムモニター]パネルで赤く表示させます。以下のテキストを入力します❷。

内装のこだわりを
聞かせてください

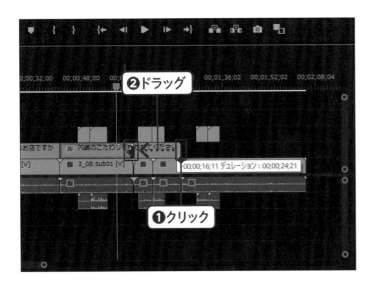

6 表示時間を変更する

[タイムライン] パネルで [グラフィックレイヤー] の
右端をクリックし❶、赤く表示されたら [V1] トラッ
クにある「3_08.sub01」のアウトポイントまでド
ラッグします❷。

MEMO
「3_08.sub01」のアウトポイントは、再生ヘッドの位置では
「00;01;05;25」となります。

7 [グラフィックレイヤー] を複製する

「内装のこだわりを聞かせてください」グラフィックレ
イヤーをクリックし❶、 Alt （Mac は option ）キー
を押しながら、「内装のこだわりを聞かせてください」
グラフィックレイヤーのアウトポイントにスナップす
るようにドラッグ＆ドロップします❷。

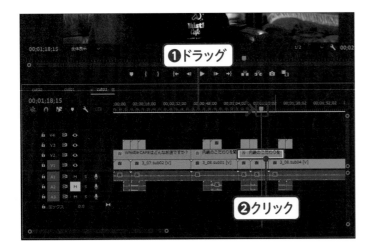

8 再生ヘッドを移動する

再生ヘッドを複製したレイヤーのところ
（「00;01;18;15」付近）までドラッグして❶、移動
します。複製した [グラフィックレイヤー] をクリック
します❷。

9 テキスト内容を変更する

[エッセンシャルグラフィックス] パネルで編集タブで
テキストレイヤーをダブルクリックして❶、[プログ
ラムモニター] パネルで赤く表示させます。以下のテ
キストを入力します❷。

メニューについて
聞かせてください

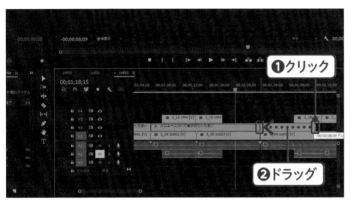

10 表示時間を変更する

[タイムライン] パネルで [グラフィックレイヤー] の
右端をクリックし❶、赤く表示されたら [V1] トラッ
クにある「3_08.sub03」のアウトポイントまでド
ラッグします❷。

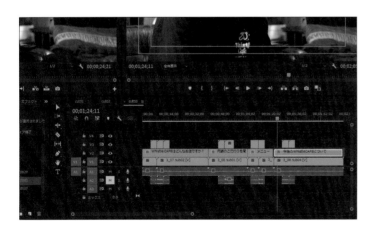

11 繰り返し配置する

P.116の手順 **1** からP.118の手順 **6** までを参考
に、以下の表の情報をもとにして、「今後のWhistle
CAFEについて」を入力します。

テキスト内容	位置	インポイント	アウトポイント
今後のWhistleCAFEについて	770.0　371.9	「メニューについて聞かせてください」グラフィックレイヤーのアウトポイントにスナップするようにドラッグ&ドロップ	3_08.sub04のアウトポイントまでドラッグ&ドロップ

●同じシーケンス内の異なるトラックに複製する

1 [グラフィックレイヤー] を複製する

[V2] トラックの「00;00;00;00」にある [グラフィックレイヤー] をクリックし❶、Alt (Macは option) キーを押しながら [V4] トラックの「00;00;00;00」の位置にドラッグします❷。

2 [編集] タブからテキストレイヤーを選択する

[V4] トラックに複製した [グラフィックレイヤー] を選択した状態で、[エッセンシャルグラフィックス] パネルの [編集] タブから [テキストレイヤー] をクリックします❶。

3 位置を変更する

[整列と変形] 内の [アニメーションの位置を切り替え] 🔘 の数値を以下のように設定します❶。

位置	238.5	640.0

4 テキスト内容を変更する

テキストレイヤーをダブルクリックして❶、[プログラムモニター]パネルで赤く表示させます。以下のテキストを入力します❷。

ホイッスルカフェなんですけれども 2014年2月からオープンして

5 再生ヘッドを移動する

字幕を表示させたい時間まで再生ヘッドの位置を移動します。再生ヘッドを「00;00;07;00」までドラッグして❶、移動します。

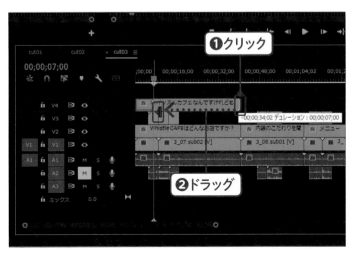

6 表示時間を変更する

[タイムライン]パネルで[V4]トラックの[グラフィッククレイヤー]の右端をクリックし❶、赤く表示されたら再生ヘッドの位置までドラッグします❷。

● 同じシーケンス内の同じトラックに複製する

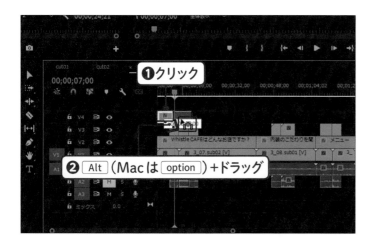

1 [グラフィックレイヤー] を
複製する

[V4] トラックの「00;00;00;00」にある [グラフィックレイヤー] をクリックし❶、Alt（Macは option ）キーを押しながら再生ヘッドの位置に開始点がスナップするようにドラッグします❷。

2 [編集] タブからテキスト
レイヤーを選択する

複製した [グラフィックレイヤー] を選択した状態で、[エッセンシャルグラフィックス] パネルの [編集] タブから [テキストレイヤー] をクリックします❶。

3 位置を変更する

[整列と変形] 内の [アニメーションの位置を切り替え] ✛ の数値を以下のように設定します❶。

位置	552.5	640.0

4 テキスト内容を変更する

テキストレイヤーをダブルクリックして❶、[プログラムモニター]パネルで赤く表示させます。以下のテキストを入力します❷。

早6年ですね

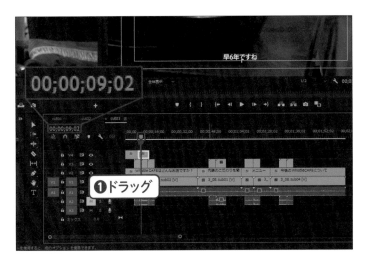

5 再生ヘッドを移動する

字幕を表示させたい時間まで再生ヘッドの位置を移動します。再生ヘッドを「00;00;09;02」までドラッグして❶、移動します。

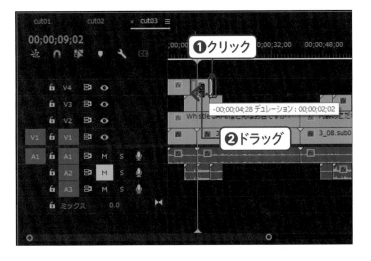

6 表示時間を変更する

[タイムライン]パネルで[グラフィックレイヤー]の右端をクリックし❶、赤く表示されたら再生ヘッドの位置までドラッグします❷。

7 繰り返し配置する

「同じシーケンス内の同じトラックに複製する」の手順 1 から 6 を参考に、次ページのテキストを複製します。字幕の作成は、複製作業の連続です。根気よく作成しましょう。なお、複製作業を省く場合は「Movie0405b.prproj」ファイルを利用して、以降のChapter 05の操作を進めてください。

8 再生して確認する

ここまでの手順を終えたら、「cut03」でプレビュー再生をしてみましょう。[プログラムモニター] パネルの [インへ移動] ◄ をクリックし❶、 Space キーを押して再生確認します❷。

☑ Check! 再生時の解像度に関して

プレビュー再生時に、お使いのマシン環境によっては、文字がにじんでしまうことがあります。これは、マシンの性能によって自動で解像度が1/2などに変わってしまうためです。その場合は、[プログラムモニター]パネルで右クリック（Macは control キー＋クリック）し、[再生時の解像度]→[フル画質]の順にクリックして❶、再生時の解像度を[フル画質]に変更してください。

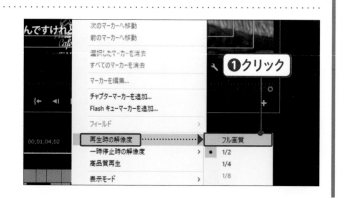

テキスト	位置		開始点	終了点
早稲田大学の近くにあるということで	407.5	640.0	00;00;09;02	00;00;13;08
やっぱり基本的に学生さんがとても来てくれて	351.5	640.0	00;00;13;08	00;00;17;05
ただ意外と周辺に住んでいる おじいちゃん おばあちゃん	278.0	640.0	00;00;17;05	00;00;22;23
あとは小さなお子さんを連れたママたちとか	358.5	640.0	00;00;22;23	00;00;27;15
ほんと多種多様ですね	497.0	640.0	00;00;27;15	00;00;29;29
あと留学生の方なんかもたくさん来られるので	361.5	640.0	00;00;29;29	00;00;34;13
ほんとにいろんな方が来る	472.0	640.0	00;00;34;13	00;00;36;22
おもしろいカフェになっているんじゃないかなと思います	287.0	640.0	00;00;36;22	00;00;40;29
棚を大きめに作ろうと思っていて	435.0	640.0	00;00;40;29	00;00;45;01
たくさん棚を作っておいて	476.5	640.0	00;00;45;01	00;00;48;25
どんどん棚にいろんなものが置かれていくイメージで作っていて	239.5	640.0	00;00;48;25	00;00;55;12
そのときそのときのいろんな思い出の品じゃないんですけど	265.5	640.0	00;00;55;12	00;01;01;09
そういうものを飾っておけるようにと思って	373.0	640.0	00;01;01;09	00;01;05;25
定番のメニュー「オムライス」とか「ロコモコ」「タコライスとか」	252.0	640.0	00;01;05;25	00;01;12;17
一言でわかりやすく イメージがつく食べ物を主に扱っていますね	230.5	640.0	00;01;12;17	00;01;18;27
「ミートソース」とか	519.5	640.0	00;01;18;27	00;01;22;02
基本的には ずっとこのまま この流れで	391.0	640.0	00;01;22;02	00;01;26;26
何年も続くようなお店を目指している部分もあるんですけど	268.5	640.0	00;01;26;26	00;01;31;29
大学生って4年生で卒業して　1年生でまた入ってくるので	274.5	640.0	00;01;31;29	00;01;36;14
常にここにいるお客さんは　常連さんばかりではなくて	293.5	640.0	00;01;36;14	00;01;39;18
常に新しい常連さんというものがどんどんできてくる	315.0	640.0	00;01;39;18	00;01;44;14
そこがまた学生街でカフェを経営する　おもしろさかなと思うので	226.0	640.0	00;01;44;14	00;01;50;17
現状維持ではないですけど	467.5	640.0	00;01;50;17	00;01;54;21
これ以上よりよくしていく努力を	443.0	640.0	00;01;54;21	00;01;58;28
常に考えていくことが大事なのかなと思います	348.0	640.0	00;01;58;28	00;02;05;08

字幕制作のポイント

字幕には、下記に示すいくつかのマナーがあります。

・1秒あたり6文字程度とし、表示時間に対して、読み取れる文字量を意識する。
・句読点を使用せず、「、」は半角スペース、「。」は全角スペースを使用する。
・インタビュー動画では、吃音や言い間違いなどをそのまま字幕にはしない。

ほかにも映画やテレビをよく観察して、「読みやすさ」というものを意識して制作を行うようにしましょう。
絶対的な正解はないので、読みやすいと思うように、繰り返し練習を行いましょう。

句読点があると、字幕っぽくありません。

影が目立ちすぎると、文字が浮いて影に
視線が向いてしまいます。

見栄えをよくしよう

第5章では、手ぶれ補正やトランジションなどのエフェクトの使用方法を学びます。エフェクトを使うことで動画の見栄えをよくしていきましょう。

見栄えをよくしよう

完成イメージ

どんどん棚にいろんなものが置かれていくイメージで作っていて

Twitter: @WhistleCAFE
Instagram: whistlecafe_official
FaceBook: whistlecafe1

Whistle
Cafe

この章のポイント

第5章では、Premiere Pro のエフェクトについて学びます。プリセットで用意されているものを使うので、手早く効果を加えることが可能です。

POINT 1

撮影素材の手ぶれを軽減する

[ワープスタビライザー]を使用して、撮影素材の手ぶれを軽減します。

→ P.130

POINT 2

Lumetriカラーで
動画の色味を変更する

撮影場所の環境によって色味が揃わないことがあるので、撮影素材間での色味を合わせます。

→ P.134

POINT 3

静止素材をタイムラインに
配置する

ロゴなどの静止素材をタイムラインに配置する方法を学びます。

→ P.138

POINT 4

[暗転]で場面転換を演出する

[暗転]エフェクトを用いて、効果的な場面転換を行います。

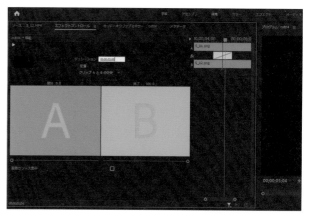

→ P.142

Lesson 01

手ぶれを軽減しよう

| 練習ファイル | Movie0501a.prproj |
| 完成ファイル | Movie0501b.prproj |

手持ちのカメラで撮影した場合、手ぶれが気になることがあります。［ワープスタビライザー］エフェクトを使うことで、手ぶれを軽減した映像にすることができます。

1 「cut01」シーケンスを 表示させる

［プロジェクト］パネルの「cut01」シーケンスをダブルクリックし❶、［タイムライン］パネルと［プログラムモニター］パネルに表示させます。

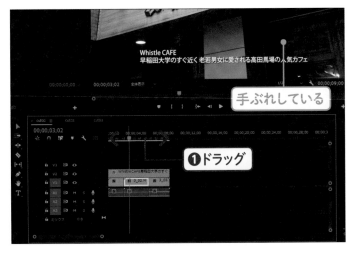

2 ［タイムライン］パネルで 確認する

［タイムライン］パネルで再生ヘッドを「3_02.MP4」クリップ上で左右にドラッグして❶、動かしてみましょう。［プログラムモニター］パネルで映像が手ぶれしていることが確認できます。

● ［エフェクト］パネルでエフェクトを検索する

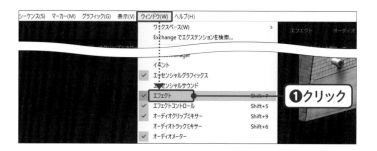

1 ［エフェクト］パネルを表示する

［ウィンドウ］メニュー→［エフェクト］の順にクリックします❶。［プロジェクト］パネルから［エフェクト］パネルに表示が切り替わります。

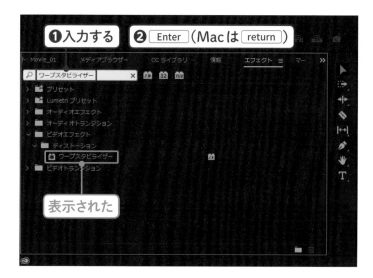

2 ［エフェクト］パネルでエフェクトを検索する

［エフェクト］パネルの検索欄に「ワープスタビライザー」と入力して❶、Enter（Macは return）キーを押します❷。［ワープスタビライザー］エフェクトが表示されます。

MEMO

検索欄を使わない場合は、［ビデオエフェクト］→［ディストーション］の順に▶をクリックすると、［ワープスタビライザー］が見つかります。

● ［ワープスタビライザー］エフェクトを適用する

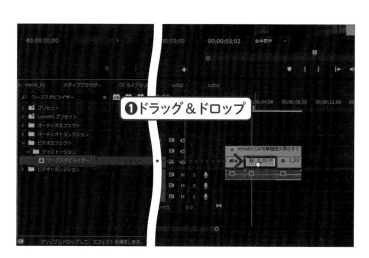

1 ワープスタビライザーをクリップに適用する

［エフェクト］パネルの［ワープスタビライザー］エフェクトを［タイムライン］パネルの「3_02.MP4」クリップにドラッグ＆ドロップします❶。

MEMO

環境によっては、クリップ適用時に自動で分析が始まる場合もあります。処理が完了したP.133の手順1に進んでください。

131

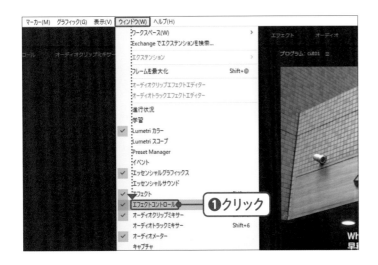

2 [エフェクトコントロール]パネルを表示する

[ウィンドウ] メニュー→ [エフェクトコントロール]
の順にクリックします❶。[エフェクトコントロール]
パネルが表示されます。

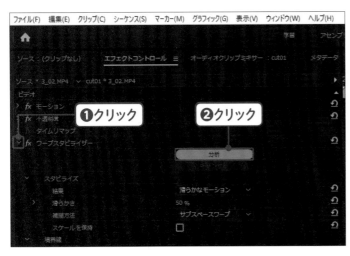

3 分析する

[エフェクトコントロール] パネルの [ワープスタビラ
イザー] 左横の ▶ をクリックし❶、[分析]をクリッ
クします❷。

MEMO

P.131 の手順1で自動で分析が開始された場合は、[分
析] がクリックできません。P.133手順1に進みます。

4 処理が完了する

[プログラムモニター] パネルに [バックグラウンドで
分析中] → [スタビライズしています] の順にエフェ
クト処理状況のテキスト表示があり、テキスト表示
がなくなると処理が完了します。

MEMO

お使いのマシンスペックによっては、処理に時間がかかる
こともあります。

● エフェクトを調整する

1 スタビライズの結果を変更する

［ワープスタビライザー］→［スタビライズ］の順に
 をクリックし❶、［結果］の［滑らかなモーション］をクリックして❷、プルダウンから［モーションなし］をクリックします❸。

MEMO

カメラワークを行っている映像の手ぶれを取り除きたい場合は［滑らかなモーション］、固定カメラのような映像にしたい場合は［モーションなし］を選びます。

2 スタビライズされる

［エフェクトコントロール］パネルで項目を変更すると、自動で再計算が行われます。テキストの表示がなくなると処理が完了します。

MEMO

自動で再計算が行われない方は、項目を変更した後に［分析］ボタンを押しましょう。

3 再生して確認する

［プログラムモニター］パネルの［インへ移動］
をクリックし❶、再生ヘッドをトラックの先頭に移動します。［再生／停止］ をクリックします❷。［プログラムモニター］パネルでは、手ぶれが軽減された「3_02.mp4」クリップの映像を確認できます❸。

Lesson 02 色味を整えよう

練習ファイル	Movie0502a.prproj
完成ファイル	Movie0502b.prproj

撮影したままの動画素材は光の加減などによって素材ごとに色が違うことがあります。Lumetriカラーを使って、素材間の色味を整えます。

● 色味を整えたいシーンを確認する

1 [プログラムモニター]パネルに 「3_13.mp4」クリップを表示する

色味を整えたいクリップを[プログラムモニター]パネルに表示します。[プロジェクト]パネルから「cut03」シーケンスをダブルクリックし❶、[タイムライン]パネルで再生ヘッドを「00;00;54;00」付近にドラッグして❷、移動します。

2 [ソースモニター]パネルに 「3_12.MP4」クリップを表示する

次に比較参考にするクリップを[ソースモニター]パネルに表示します。[プロジェクト]パネルの「03_MP4」ビンの中にある「3_12.MP4」をダブルクリックします❶。

3 各モニターパネルに クリップが表示される

色味を整えたい「3_13.mp4」クリップが［プログラムモニター］パネルに表示され、比較参考にする「3_12.MP4」クリップが［ソースモニター］パネルに表示されました❶。

4 「3_13.mp4」クリップの 色を確認する

［プログラムモニター］パネルの「3_13.mp4」クリップを確認します❶。「3_12.MP4」クリップに比べて色味が暖色がかっているので、調整していきます。

5 ［Lumetriカラー］パネル を表示する

［ウィンドウ］メニュー→［Lumetriカラー］の順にクリックし❶、［プログラムモニター］パネルの右側のスペースに［Lumetriカラー］パネルが表示されていることを確認します❷。

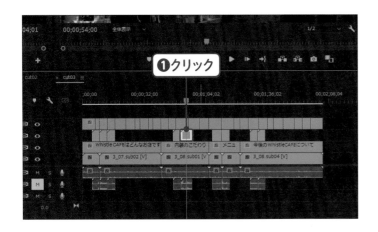

6 [タイムライン]パネルで選択する

[タイムライン]パネルで「3_13.mp4」をクリックします❶。この手順によって、[Lumetriカラー]パネルでどの素材を調整するか指定ができました。

7 ホワイトバランスを調整する

[Lumetriカラー]パネルの[基本補正]をクリックし❶、[ホワイトバランス]の ▶ をクリックします❷。[色温度]と[色かぶり補正]を以下のように設定します❸。

色温度	-60.0
色かぶり補正	-5.0

8 トーンを調整する

[Lumetriカラー]パネルの基本補正から、[トーン]の ▶ をクリックし❶、各パラメーターを以下のように設定します❷。

露光量	0.0
コントラスト	0.0
ハイライト	50.0
シャドウ	50.0
白レベル	0.0
黒レベル	0.0

9 彩度を変更する

[Lumetriカラー] パネルの基本補正から、[彩度] を「85.0」に設定します❶。

10 色味が揃ったことを 確認する

[タイムライン]パネルで再生ヘッドを左右にドラッグ し❶、前後のシーンと違和感がないか確認します。

☑Check! ホワイトバランスとは

ホワイトバランスとはデジタルカメラなどに搭載されている色調補正のことで、白い色をどのような色味に設定するか決める ことができます。Premiere Proでの[ホワイトバランス]も同じ内容の補正のことで、ここでは[色温度]と[色かぶり補正] に項目が分かれています。色温度は光の設定のことで、マイナス側に設定すると、青味が増し、プラス側に設定すると、オ レンジ味が増します。色かぶりとは画面の色の偏りのことで、マイナス側に設定すると、緑味が増し、プラス側に設定すると、 赤味が増します。

効果を付けよう

練習ファイル　Movie0503a.prproj
完成ファイル　Movie0503b.prproj

ここではビデオトランジションの［ディゾルブ］エフェクトの使い方を学びます。場面が切り替わるときに効果的に使うことで、雰囲気のある映像を作ることができます。

● 静止素材をシーケンス配置する

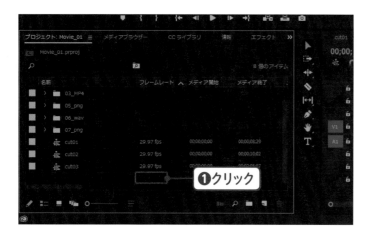

1 ［プロジェクト］パネルをクリックする

［プロジェクト］パネルの何もないところをクリックし❶、ビンなどを選択しないようにしておきます。

2 シーケンスを作成する

「cut04」シーケンスを新たに作成します。［ファイル］メニュー → ［新規］→ ［シーケンス］の順にクリックします❶。

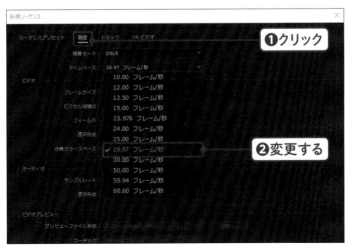

3 シーケンス名を変更する

[新規シーケンス]画面が表示されるので、[シーケンス名]に「cut04」と入力します❶。

4 シーケンス設定を行う

[シーケンスプリセット]から[使用可能なプリセット]の[Digital SLR]→[720p]の順に ❯ をクリックし❶、[DSLR 720p24]をクリックします❷。

5 [設定]タブで タイムベースを変更する

設定タブをクリックし❶、タイムベースを[29.97フレーム/秒]に変更します❷。

6 [新規シーケンス]画面を 閉じる

[OK]をクリックし❶、[新規シーケンス]画面を閉じます。

7 [タイムライン]パネルに 静止素材「5_01.png」を配置する

[プロジェクト]パネルの「05_png」ビンを開き、「5_01.png」を[タイムライン]パネルの[V1]トラックの「00;00;00;00」の位置にドラッグ&ドロップします❶。

8 再生ヘッドを移動する

静止素材「5_01.png」の再生時間を決めるためにアウトポイントの位置まで再生ヘッドを移動します。再生ヘッドを「00;00;05;00」にドラッグして❶、移動します。

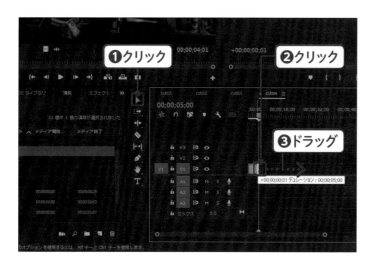

9 「5_01.png」クリップの再生時間を調整する

［選択］ツールをクリックし❶、「5_01.png」レイヤーの右端をクリックして❷、赤く表示されたら、再生ヘッドの位置までドラッグします❸。

10 ［タイムライン］パネルに静止素材「5_02.png」を配置する

［プロジェクト］パネルの「05_png」ビンから、「5_02.png」を［タイムライン］パネルの「5_01.png」レイヤーに隣接するようにドラッグ＆ドロップして❶、配置します。

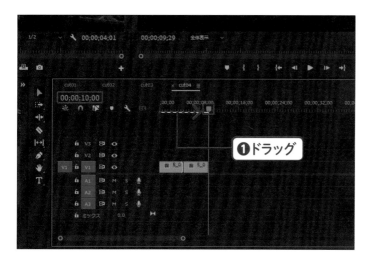

11 再生ヘッドを移動する

再生ヘッドを「00;00;10;00」にドラッグして❶、移動します。

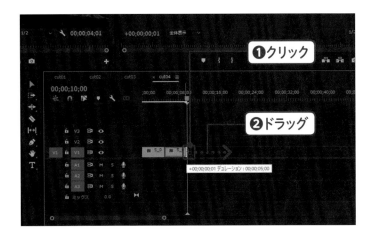

12 「5_02.png」クリップの 再生時間を調整する

「5_02.png」レイヤーの右端をクリックし❶、赤く 表示されたら、再生ヘッドの位置までドラッグしま す❷。

● 配置した静止素材にエフェクトを適用する

1 [エフェクト]パネルを 表示する

[ウィンドウ]メニュー→[エフェクト]の順にクリック します❶。[エフェクト]パネルが表示されます。

MEMO

[プロジェクト]パネルから[エフェクト]パネルに表示が切 り替わります。

2 [エフェクト]パネルで エフェクトを検索する

[エフェクト]パネルの検索欄に「暗転」と入力し❶、 Enter (Macは return)キーを押します❷。[暗転] エフェクトが表示されます。

MEMO

検索欄を使わない場合は、[ビデオトランジション]→[ディ ゾルブ]の順に▶をクリックすると、[暗転]が見つかりま す。

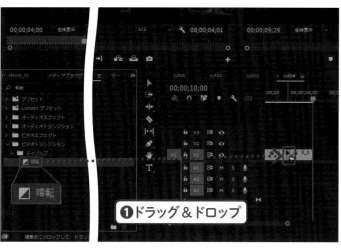

❶ドラッグ＆ドロップ

3 [暗転]エフェクトを2つの 静止画クリップ間に適用する

[タイムライン] パネルの「5_01.png」クリップと「5_02.png」クリップの切り替わる位置（再生ヘッドで「00;00;05;00」の位置）に、[エフェクト] パネルの [暗転] をドラッグ＆ドロップします❶。

MEMO

[暗転] エフェクトは、レイヤーに対してスナップします。

4 再生して確認する

[プログラムモニター] パネルで [再生／停止] ▶をクリックし❶、確認してみましょう。静止画の切り替わりで緩やかに [暗転] する効果を付けられました。

❶クリック

☑Check! 暗転エフェクトの調整

暗転エフェクトとは、画面をだんだんと暗くして切り替えたいときに使う場面転換のエフェクトです。暗転エフェクトは、エフェクト適用時間の長さを変更することができます。[タイムライン] パネルのエフェクト適用時に生成された [暗転] をクリックすると、[エフェクトコントロール] パネルに [暗転] が表示されます。デュレーションの数値を「00;00;02;00」に変更すると❶、2秒かけて暗転エフェクトが適用されます。お手本では1秒かけて暗転するように設定してありますが、演出意図によって調整するようにしましょう。

❶変更する

エフェクトプリセットの種類について

Premiere Pro では多くのエフェクトが用意されています。大別すると、「カラー」「オーディオ」「映像処理」の 3 つです。ここでは、エフェクトの中でも利用頻度の高いものをいくつか紹介します。

▶クロスディゾルブ

主にクリップの切り替わりに使用するエフェクトで、フェードイン・フェードアウト時に映像が透明になるアニメーションになります。

▶リニアワイプ

ビデオエフェクトのトランジションの一種で、簡単なカットインや色を変化させるような演出に使えるトランジションになります。

▶ピクチャインピクチャ

簡単にワイプ画面を追加するのに使用します。プリセットなので手動で位置やサイズを調整できるのが特徴的です。

▶Ultraキー

クロマキー合成の際に使用します。キーイングのフォルダーはアルファチャンネル（透過情報）を扱うエフェクトが揃っています。

もちろん、本書で使われているエフェクトの「ワープスタビライザー」、「ディゾルブ系エフェクト」も利用頻度の高いエフェクトです。また Premiere　Pro はカット編集や文字入れを主としたアプリケーションです。むやみに用意されたエフェクトを多用すると、安っぽく見えることが多々あります。はじめのうちは、カラーグレーディングなどに留めてカット編集などで演出表現することが得策です。

クロスディゾルブ

リニアワイプ

ピクチャインピクチャ

音声を
編集しよう

第6章では、楽曲を読み込み、動画に音を追加します。音量バランスを調整したり、エフェクトを用いてフェードアウトする方法を学びます。

音声を編集しよう

完成イメージ

定番のメニュー「オムライス」とか「ロコモコ」「タコライスとか」

今後のWhistleCAFEについて

常に考えていくことが大事なのかなと思います

この章のポイント

6章では、オーディオファイルの読み込みと音声の調整方法を学びます。エフェクトを利用することで、映像に合った演出を付けることができます。

POINT 1 楽曲を読み込む

オーディオファイルをクリップとして読み込み、オーディオトラックミキサーで音量を調整します。

→ P.152

POINT 2 不要な音声を削除する

撮影時に録音された、ムービーファイルの不要な音声を削除します。

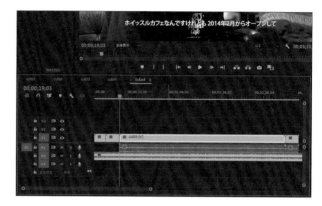

→ P.154

POINT 3 キーフレームを使う

キーフレームを使って、部分的に音量を調整する方法を学びます。

→ P.156

POINT 4 オーディオエフェクトを使う

オーディオエフェクトを使って、楽曲がフェードアウトする演出を行います。

→ P.158

01

書き出し用シーケンスを作成しよう

オーディオクリップ（音素材）を配置するための書き出し用シーケンスを作成します。これまで制作してきたシーケンスをつなぎ合わせ、書き出し用のシーケンスを作成しましょう。

練習ファイル Movie0601a.prproj
完成ファイル Movie0601b.prproj

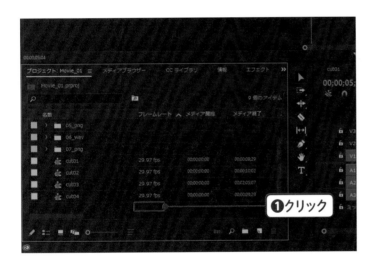

1 [プロジェクト] パネルをクリックする

[プロジェクト] パネルの何もないところをクリックし❶、ビンなどを選択しないようにしておきます。

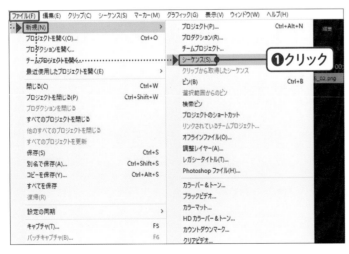

2 シーケンスを作成する

[ファイル] メニュー → [新規] → [シーケンス]の順にクリックします❶。

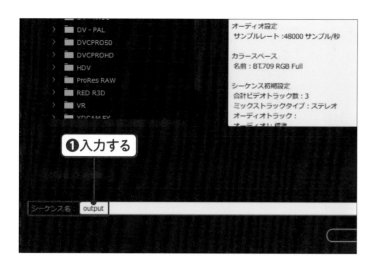

3 シーケンス名を変更する

新規シーケンス画面が表示されるので、[シーケンス名] に「output」と入力します❶。

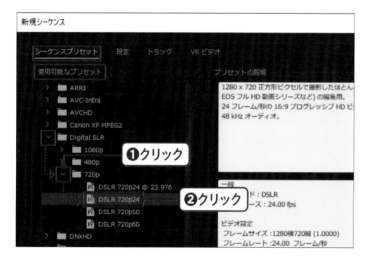

4 シーケンス設定を行う

[シーケンスプリセット]から[使用可能なプリセット]の [Digital SLR] → [720p] の順に ▶ をクリックし❶、[DSLR 720p24] をクリックします❷。

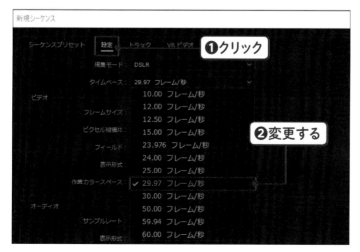

5 [設定] タブでタイムベースを変更する

設定タブをクリックし❶、タイムベースを [29.97 フレーム / 秒] に変更します❷。

149

6 [新規シーケンス] 画面を閉じる

[OK] をクリックし❶、[新規シーケンス] 画面を閉じます。

7 [プロジェクト] パネルで配置するシーケンスを選択する

「output」シーケンスに配置するシーケンスを選択します。[プロジェクト] パネルから「cut01」をクリックし❶、Shift キーを押しながら、「cut04」をクリックします❷。[プロジェクト] パネルで「cut01」「cut02」「cut03」「cut04」が選択されました。

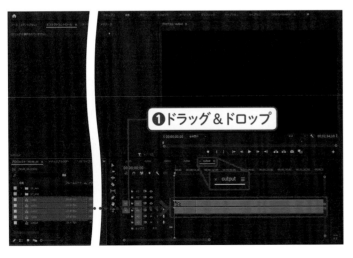

8 「output」シーケンスに配置する

選択された4つシーケンスを、[タイムライン] パネルの「output」シーケンスの [V1] トラックにドラッグ&ドロップして❶、配置します。

MEMO

選択した順に [タイムライン] パネルに配置されます。

9 配置したシーケンスを確認する

[タイムライン]パネルに配置されたシーケンスを確認します❶。[V1]トラックに通常のクリップのように配置されています。

10 再生して確認する

[プログラムモニター]パネルの[インへ移動]を クリックし❶、[再生／停止] をクリックします ❷。意図した順番通りに配置されているか確認しましょう。以降のLessonでは楽曲を読み込み「output」シーケンスに配置していきます。

✅ Check! **シーケンス内に配置されたシーケンスについて**

シーケンスはクリップとして配置することができます。また[タイムライン]パネルのシーケンスレイヤーをダブルクリックすると❶、そのシーケンスの[タイムライン]に移動し、編集を行うことができます。このように配置された後でもシーケンスの内容は編集することができます。

151

02 | 楽曲を読み込もう

Premiere Proでは、音関係の調整機能も豊富に揃っています。ここでは、オーディオファイルを読み込んでクリップとして利用する方法を学びます。

練習ファイル　Movie0602a.prproj
完成ファイル　Movie0602b.prproj

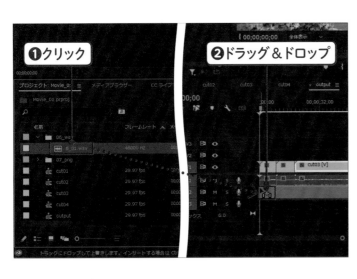

1 [タイムライン]パネルのオーディオトラックに配置する

[プロジェクト]パネルの「06_wav」から「6_01.wav」をクリックし❶、[タイムライン]パネルの[A2]トラックにドラッグ＆ドロップして❷、配置します。

2 [タイムライン]パネルでトラックを確認する

「6_01.wav」のトラックは[A2]、ビデオ録音の音声トラックは[A1]であることを確認します❶。

3 [オーディオトラックミキサー]パネルを表示する

[ウィンドウ] メニュー→ [オーディオトラックミキサー] の順にクリックし❶、[オーディオトラックミキサー] を表示します。

4 [オーディオトラックミキサー]パネルで[A1]トラックを調整する

[オーディオトラックミキサー] パネルの下部で [A1] [A2] トラックであることを確認し❶、[A1] のボリューム数値部分をクリックして❷、「10.0」と入力します❸。

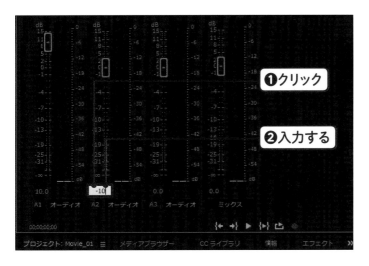

5 [オーディオトラックミキサー]パネルで[A2]トラックを調整する

[A2] のボリューム数値部分をクリックし❶、「-10.0」と入力します❷。

練習ファイル　Movie0603a.prproj
完成ファイル　Movie0603b.prproj

Lesson 03 不要な音声を削除しよう

BGMをメインの音声とするときに、撮影時に録音された環境音を削除することがよくあります。ここではビデオとオーディオのリンクを解除し、不要な音声を削除する方法を学びます。

1 ビデオとオーディオのリンクを解除する

[タイムライン] パネルの [リンクされた選択] ■ をクリックして❶、リンクを解除します。ボタンの表示が灰色であることを確認します❷。

2 オーディオクリップを選択する

[ツール] パネルで [選択] ツールをクリックし❶、[A1] トラックの「cut01」オーディオクリップをクリックします❷。

3 リンクの解除を確認する

[A1] トラックのオーディオクリップは撮影時に録音
されたものですが、単体で選択できるようになり、
リンクが解除されていることが確認できます❶。

4 「cut01」オーディオクリッ プを削除する

[編集] メニュー→ [消去] の順にクリックします❶。

5 「cut02」オーディオクリッ プを削除する

[A1] トラックの「cut02」オーディオクリップをク
リックし❶、 Delete キーを押します❷。

Lesson 04

キーフレームを追加して調整しよう

練習ファイル	Movie0604a.prproj
完成ファイル	Movie0604b.prproj

インタビュー音声のカットでは、楽曲の音量を少し下げた方が聞き取りやすそうです。ここでは、キーフレームを使って、楽曲の音量を一部分だけ調整する方法を学びます。

1 [A2]トラックを選択する

音量を調整する「6_01.wav」の[A2]トラックをクリックします❶。

2 音量を下げたい開始点に再生ヘッドを移動する

音量を下げたい箇所は「cut03」なので、音量を下げ始める「00;00;18;03」に再生ヘッドをドラッグして❶、移動します。

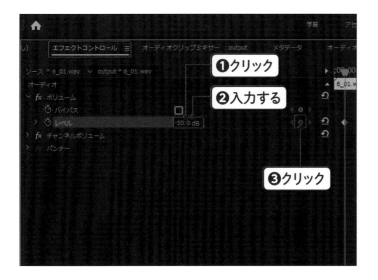

3　キーフレームを追加する

[エフェクトコントロール] パネルの [オーディオ] →
[ボリューム] → [レベル] で数値の青文字部分を ク
リックし **①**、「-10.0dB」と入力して **②**、[キーフレー
ムの追加 / 削除] をクリックします **③**。

MEMO

[エフェクトコントロール] パネルが表示されていない場合
は、[ウィンドウ] メニュー→ [エフェクトコントロール] の順
にクリックします。

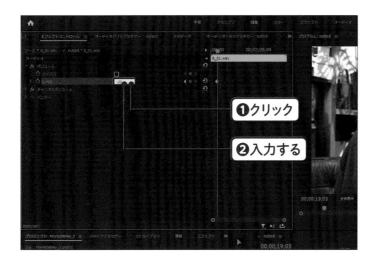

4　音量を下げたい終了点に
再生ヘッドを移動する

音量を下げ終わる「00;00;19;03」に再生ヘッドを
ドラッグして **①**、移動します。

5　レベルの数値を変更する

[エフェクトコントロール] パネルの [オーディオ] →
[ボリューム] → [レベル] で数値の青文字部分をク
リックし **①**、半角で「-20.0dB」と入力します **②**。

MEMO

別のフレームでキーフレームが追加されている場合、数値
を変更すると自動でキーフレームが生成されます。

157

エフェクトを適用しよう

| 練習ファイル | Movie0605a.prproj |
| 完成ファイル | Movie0605b.prproj |

オーディオクリップにも、ビデオクリップ同様にエフェクトを適用することができます。ここではだんだん音が小さくなる効果を適用する方法を学びます。

1 [エフェクト]パネルを表示する

[ウィンドウ]メニュー→[エフェクト]の順にクリックします❶。

2 [選択]ツールを選択する

[ツール]パネルで[選択]ツールをクリックします❶。

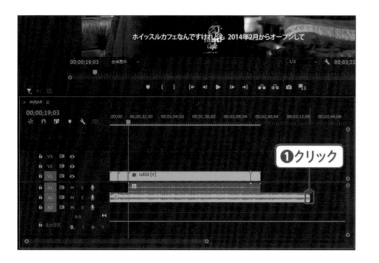

3 オーディオクリップの右端をクリックする

[A2]トラックの「6_01.wav」クリップの右端をクリックして**①**、赤く表示します。

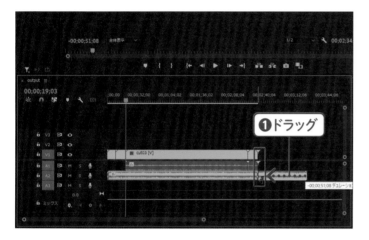

4 オーディオクリップの長さを調整する

「6_01.wav」クリップの右端を[V1]トラック「cut04」のアウトポイントにスナップするようにドラッグします**①**。

5 [エフェクト]パネルでエフェクトを検索する

[エフェクト]パネルの検索欄に「コンスタントゲイン」と入力し**①**、Enter（Macはreturn）キーを押します**②**。[コンスタントゲイン]エフェクトが表示されます。

MEMO

検索欄を使わない場合は、[オーディオトランジション]→[クロスフェード]の順に▶をクリックすると、[コンスタントゲイン]が見つかります。

6 [コンスタントゲイン]を適用する

[エフェクト]パネルの[コンスタントゲイン]を[A2]トラックの「6_01.wav」クリップの右端にドラッグ＆ドロップします❶。

MEMO

[コンスタントゲイン]をドラッグする際、ドロップできる位置にくると、マウスカーソルが変わります。

7 エフェクトの適用時間を長くする

デフォルトでは1秒かけて音が小さくなっていきますが、エフェクトの適用時間を長くします。適用部分をクリックします❶。

MEMO

適用部分が小さく見えない場合は、タイムライン下部のズームスライダーを動かして、クリップを拡大表示しましょう。

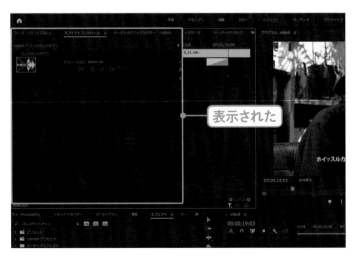

8 [デュレーションを設定]画面が表示される

[デュレーションを設定]が表示されました。

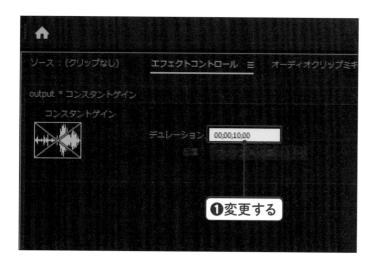

9 [デュレーション]の数値を変更する

[デュレーション]を「00;00;10;00」に変更します ❶。

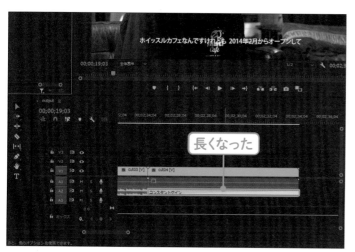

10 [タイムライン]パネルで確認する

[コンスタントゲイン]の適用時間が10秒長くなりました。「cut04」の時間をかけて音が小さくなっていく演出ができました。

11 再生して確認する

[プログラムモニター]パネルの[インへ移動] ⬅ をクリックし❶、[再生／停止] ▶ をクリックします❷。BGMの音量バランスや、不要な音が入っていないか確認しましょう。

Column

映像と音楽

映像は音があるかないかで印象が劇的に変化します。本書で制作しているものはインタビュー動画のため、意図にあった BGM を選んでいます。映像の中では、音楽・音声・効果音も作品の一部ですので、目的に合ったものを選んで制作しましょう。楽曲が先に用意されて映像編集を行う場合は、楽曲の持つ雰囲気や展開に応じて編集できるとよいです。例えば、楽曲の始まりでだんだんと音が大きくなるようなものであれば、映像も暗転のフェードインで始まる演出などが考えられます。

また映像作品における音楽を考えるとき、切っても切り離せないのが著作権です。基本的には作った人に著作権があるので、無断使用や規約違反のないように心がけましょう。 音楽制作会社に発注したり、個人のクリエイターが販売しているサイトを利用することをおすすめします。フリー素材として提供しているサイトもありますが、商用利用の可否もありますので、しっかり規約を読むことが大切です。

 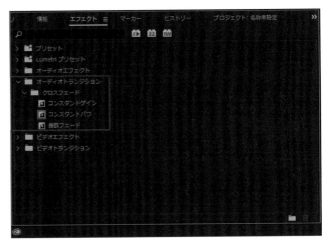

Premiere Pro には、本書で紹介した手順以外にも豊富なエフェクトが用意されています。

動画を
仕上げよう

. . . .

第7章では、これまで作成してきた動画の色を調整し、ファイル
に書き出します。最後に動画再生アプリで再生し、動画の仕上が
りを確認してみましょう。

動画を仕上げよう

完成イメージ

第 7 章では、あらかじめ Premiere Pro に用意されているプリセットを使って色を調整する方法を紹介します。仕上がった動画をファイルとして書き出し、再生して確認します。

POINT 1 調整レイヤーを作成して 全体の色を調整する

シーケンス内のクリップ全体の色を調整する方法を学びます。[調整レイヤー] クリップを作成することで簡単に全体の色味を調整することができます。

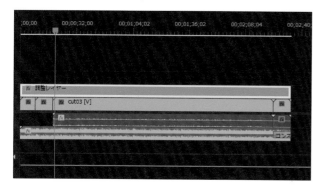

→ P.166

POINT 2 シーケンスにエフェクトを 適用する

シーケンスはクリップと同じように扱うことができます。ここでは書き出し用シーケンスに配置した各カットのシーケンスに [暗転] エフェクトを適用します。

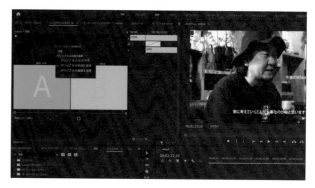

→ P.170

POINT 3 仕上げの作業を行う

書き出す前に仕上げの作業を行います。書き出し用シーケンスから各カットのシーケンス内に入って、最終的な調整を行います。

→ P.172

POINT 4 動画ファイルとして書き出す

これまで編集してきたシーケンスを、ファイル形式を指定して書き出します。実際に思い通りに仕上がっているか、ファイルに書き出して動画再生アプリで確認しましょう。

→ P.176

Lesson 01 調整レイヤーを使おう

練習ファイル　Movie0701a.prproj
完成ファイル　Movie0701b.prproj

調整レイヤーを使うと、複数のクリップなどに対してエフェクトをまとめて適用することができます。ここでは［調整レイヤー］の使い方を学びましょう。

● 調整レイヤーを作成する

1 ［プロジェクト］パネルを選択する

［プロジェクト］パネルを選択できていないと、［調整レイヤー］が作成できません。［プロジェクト］パネルの何もないところをクリックし❶、ビンなどを選択しないようにしておきます。

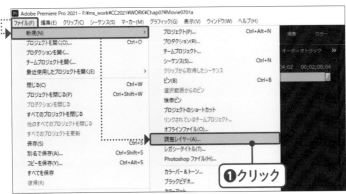

2 調整レイヤーを新規作成する

［ファイル］メニュー→［新規］→［調整レイヤー］の順にクリックします❶。

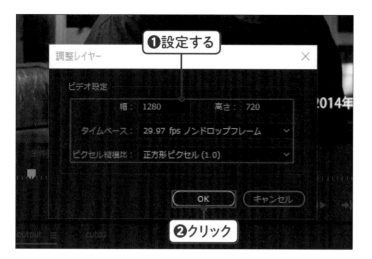

3 [調整レイヤー] 画面を設定する

[調整レイヤー] 画面が表示されるので、以下のように設定し❶、[OK]をクリックします❷。

幅	1280
高さ	720
タイムベース	29.97fps　ノンドロップフレーム
ピクセル縦横比	正方形ピクセル (1.0)

4 [タイムライン] パネルにドラッグ&ドロップする

[プロジェクト] パネルの [調整レイヤー] クリップを「output」シーケンスの [タイムライン] パネル [V2]トラックにドラッグ&ドロップします❶。

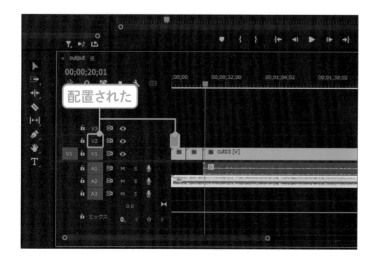

5 [調整レイヤー] クリップが配置される

[V2]トラックに、[調整レイヤー] クリップが配置されました。

● プリセットを使用して色を変更する

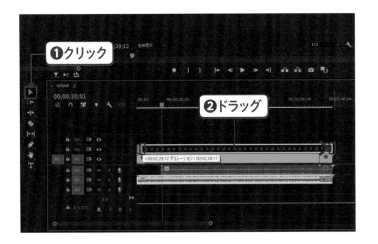

1 [調整レイヤー] クリップの長さを調整する

[ツール] パネルで [選択] ツール ▶ をクリックし ❶、[調整レイヤー] クリップの右端のアウトポイントを「cut04」シーケンスのアウトポイントまでドラッグし ❷、クリップの長さを調整します。

2 [調整レイヤー] クリップを選択する

[タイムライン] パネルの [調整レイヤー] クリップをクリックして ❶、選択します。

3 [クリエイティブ] タブを表示する

[Lumetri カラー] パネルの [クリエイティブ] タブをクリックして ❶、表示します。[Lumetri カラー] パネルの横をドラッグして ❷、パネルの内容を見やすくします。

4 プリセットを適用する

[クリエイティブ] タブの [LOOK] の右端 ▾ をクリックし❶、表示されるメニューから「Kodak 5205 Fuji 3510 (by Adobe)」をクリックして❷、選択します。

5 グラデーションを追加する

[Lumetriカラー] パネルの [ビネット] タブをクリッククして❶、表示します。[適用量] に「-0.5」を入力します❷。

MEMO

ビネットとは、画面の中心より周囲が暗くなっていることを指します。ビネットを適用することで視線が画面中央に集まるようなデザインになります。

6 [調整レイヤー] クリップの効果を確認する

[V2] トラックの [トラック出力の切り替え] 👁 をクリックし❶、表示と非表示を繰り返します。[調整レイヤー] クリップを表示と非表示にすることで、エフェクトの適用前後を比べることができます。全体に同じカラーグレーディングを適用したことで、動画全体にまとまりができました。

Lesson

02

練習ファイル　Movie0702a.prproj
完成ファイル　Movie0702b.prproj

エフェクトを追加しよう

クリップと同様に、シーケンスにもエフェクトを追加することができます。ここ
では配置されたシーケンスに［暗転］エフェクトを追加しましょう。

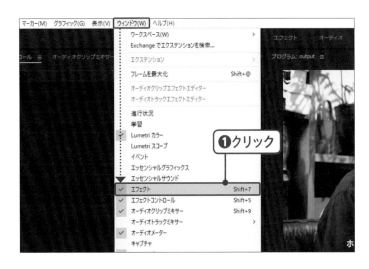

1 ［エフェクト］パネルを
表示する

［ウィンドウ］メニュー→［エフェクト］の順にクリック
します❶。

2 ［エフェクト］パネルで
エフェクトを検索する

［エフェクト］パネルの検索欄に「暗転」と入力して
❶、Enter（Macはreturn）キーを押します❷。［暗
転］エフェクトが表示されます。

MEMO

検索欄を使わない場合は、［ビデオトランジション］→［ディ
ゾルブ］の順に▶をクリックすると、［暗転］が見つかりま
す。

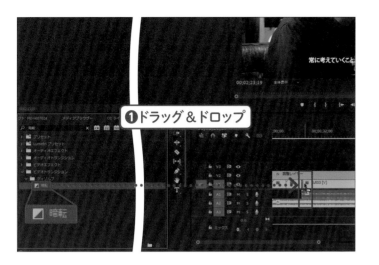

3 シーケンスクリップに [暗転] エフェクトを適用する

[タイムライン] パネルの「cut03」クリップの左端に [エフェクト] パネルの [暗転] をドラッグ＆ドロップします❶。

4 [エフェクトコントロール] パネルを表示する

cut02とcut03のクリップにわたって暗転エフェクトを適用したいので、設定を調整するために [エフェクトコントロール] パネルを表示します。[エフェクトコントロール] をクリックし❶、[タイムライン] パネルのcut03上に適用された [暗転] をクリックします❷。

5 [暗転] エフェクトの 配置を設定する

[エフェクトコントロール] パネルに [暗転] エフェクトの設定が表示されたので、[配置] プルダウンを [クリップAとBの中央] に変更します❶。

MEMO

[配置] プルダウンは、デフォルトでは [クリップBの先頭を基準] ですが、ほかにも [クリップAの最後を基準] などがあります。

Lesson
03

| 練習ファイル | Movie0703a.prproj |
| 完成ファイル | Movie0703b.prproj |

静止画クリップを
配置しよう

仕上げとして動画全編にわたって表示されるお店のロゴを配置します。[暗転]
エフェクトの効果を適用したいので、各シーケンス内に配置していきます。

1 「output」シーケンスから 「cut01」シーケンスを表示する

「output」シーケンスから、並べられた各シーケンスを表示します。「output」内の「cut01」シーケンスをダブルクリックし❶、[タイムライン] パネルに表示します。

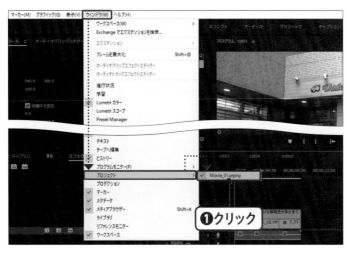

2 [プロジェクト] パネルを 表示する

[ウィンドウ] メニュー→[プロジェクト]→表示したいプロジェクト名の順にクリックして❶、選択します。

MEMO

練習ファイルを用いる場合はプロジェクト名「Movie 0703a.prproj」を開きます。

3 「7_01.png」クリップを配置する

[プロジェクト]パネルの「07_png」ビンから「7_01.png」をクリックし❶、「cut01」タイムラインの[V3]トラックにドラッグ＆ドロップして❷、配置します。

4 クリップの表示時間を長くする

「7_01.png」の右端をクリックし❶、赤く表示させます。「3_03.MP4」クリップの右端（アウトポイント）にスナップするようにドラッグします❷。

5 「cut02」シーケンスを表示する

[プロジェクト]パネルから「cut02」シーケンスをダブルクリックし❶、[タイムライン]パネルに表示します。

173

6 「7_01.png」クリップを 配置する

[プロジェクト]パネルの「07_png」ビンから「7_01.png」をクリックし❶、「cut02」タイムラインの[V3]トラックにドラッグ＆ドロップして❷、配置します。

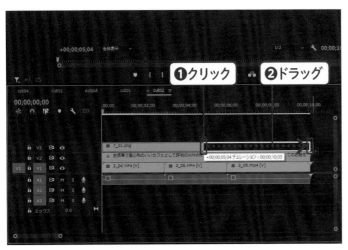

7 クリップの表示時間を 長くする

「7_01.png」の右端をクリックし❶、赤く表示させます。「3_06.mp4」クリップの右端（アウトポイント）にスナップするようにドラッグします❷。

8 「cut03」シーケンスを 表示する

[プロジェクト]パネルから「cut03」シーケンスをダブルクリックし❶、[タイムライン]パネルに表示します。

9 「7_01.png」クリップを配置する

[プロジェクト]パネルの「07_png」ビンから「7_01. png」をクリックし❶、「cut03」タイムラインの[V5]トラックにドラッグ＆ドロップして❷、配置します。

MEMO

[V5]トラックがない場合は、[V4]トラックの上部スペースにクリップをドラッグすると、[V5]トラックが自動生成されます。

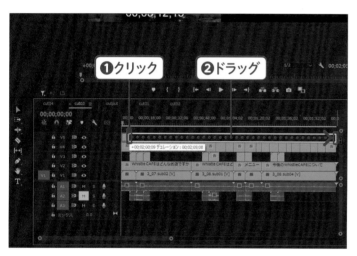

10 クリップの表示時間を長くする

「7_01.png」の右端をクリックし❶、赤く表示させます。「3_08.sub04」クリップの右端（アウトポイント）にスナップするようにドラッグします❷。

11 「output」シーケンスで再生して確認する

[プロジェクト] パネルで「output」シーケンスをダブルクリックし❶、[プログラムモニター]パネルの[インへ移動] ⎢← をクリックして❷、再生ヘッドをトラックの先頭に移動します。[再生／停止] ▶ をクリックします❸。[暗転]エフェクトの効果を受けるように、ロゴを配置できました。

Lesson 04

動画ファイルとして 書き出そう

ここでは、編集したシーケンスを1本の動画ファイルとして書き出す方法を学びます。

| 練習ファイル | Movie0704a.prproj |
| 完成ファイル | Movie0704b.prproj |

● 形式を指定して書き出す

1 書き出すシーケンスを 指定する

[タイムライン] パネルで「output」が表示されていることを確認します❶。

MEMO

他のタブが表示されている場合は、「output」タブをクリックして表示します。

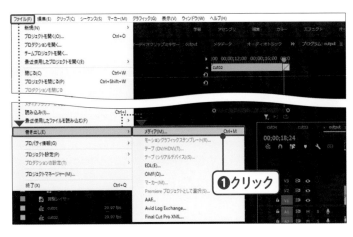

2 [書き出し設定] 画面を 表示する

[ファイル] メニュー→ [書き出し] → [メディア] の順にクリックします❶。

3 [書き出し設定]画面で 保存先を指定する

[書き出し設定]画面が表示されます。[出力名]の 「output」をクリックします❶。

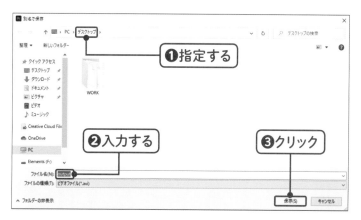

4 保存先を指定する

[別名で保存]画面が表示されたら[デスクトップ] を指定します❶。[ファイル名]に「output」と入力 し❷、[保存]をクリックします❸。

5 書き出し形式を設定する

[書き出し設定]画面が再び表示されます。[書き出 し設定]タブの[形式]の ✓ をクリックし❶、メ ニューから[H.264]をクリックします❷。

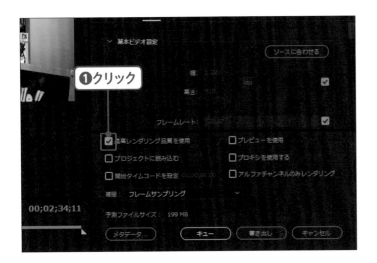

6 レンダリング品質を [最高]にする

[最高レンダリング品質を使用]のチェックボックス ✓ をクリックし❶、チェックを入れます。これで 最高品質で書き出すことができます。

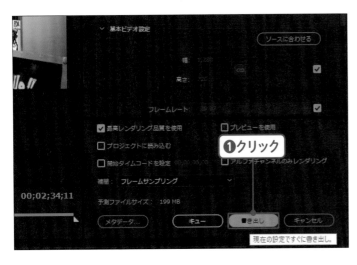

7 [書き出し]をクリックする

[書き出し]をクリックします❶。[書き出し]を実行 すると、自動でエンコードが始まります。

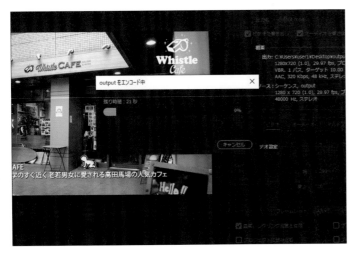

8 [エンコード中]画面が 表示される

[エンコード中]画面の表示が消えると、動画ファイ ルが書き出され完成です。

9 デスクトップを確認する

デスクトップを確認すると❶、「output.mp4」ファイルが書き出されています。

❶ダブルクリック　❷再生された

10 再生して確認する

「output.mp4」ファイルをダブルクリックすると❶、パソコンにインストールされている動画再生アプリが起動し、再生が始まります❷。これで編集した動画ができました。

☑ Check! QuickTime のダウンロード

インストールされている動画再生アプリがない場合は、Apple社より提供されているQuickTimeがWindowsとMacで使用できるので、おすすめです。以下のApple社のWebサイトよりダウンロードすることができます。

● QuickTime ダウンロード Web サイト
https://support.apple.com/ja_JP/downloads/quicktime

カラーグレーディングとロゴについて

カラーグレーディングは映像の雰囲気を決めるのに必要不可欠な要素です。全体の色味を合わせることで統一感が生まれ、映像にメッセージを持たせることができます。ここでは、Lumetriプリセットを利用してカラーの印象について紹介します。プリセットは用途やシーン、元の色によって調整が必要です。

▶Fuji F125 Kodak 2395
彩度を抑えてオレンジ色に調整されます。

▶SL CLEAN STRAIGHT HDR
自然な色合いで明度と彩度が高く調整されます。

▶SL BULE DAY4NITE
青味を足してダークトーンに調整されます。

▶SL MATRIX GREEN
全体的に緑色に調整されます。

▶Fuji REALA 500D Kodak 2393

コントラストが強まり、黒が強めに調整されます。

▶Monochrome Kodak 5205 Fuji 3510

白黒のプリセットも多数用意されています。

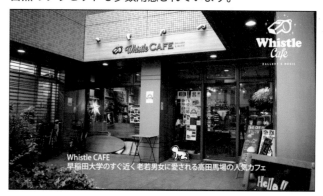

▶SL BLEACH HDR

彩度を抑えて、脱色したような色味に調整されます。

▶SL GOLD HEAT

コントラストが強まり、青みを抑えて調整されます。

今回は練習なので、ロゴにもカラーグレーディングを適用して書き出しを行いましたが、実際の案件制作では、ロゴの色味を変更するのは NG なことが多いです。制作時には気を付けて色味を調整するようにしましょう。

Word 用語集

AVI

非圧縮ファイル。高画質だが、データサイズが大きいので作業には不向き。

GPU

グラフィックボードに映像を描画する際に必要なシステムのこと。近年の映像関係では、CPUからグラフィックボードを利用したレンダリングやプレビューが主流になりつつある。

DSLR

Digital Single Lens Refliex の略で、一般的なデジタル一眼レフカメラのこと。

DV

一昔前のビデオコーデックで、広い分野で利用されていた形式。

FLV

主にAdobe FlashなどのWeb用の動画コーデック。

MP4

圧縮率が高くサイズが小さくなるコーデック。

MPEG／MPE／MPG

DVDなど広い分野で利用されるコーデック。

MTS（AVCHD）

ハイビジョンの規格で民生用のビデオに多く利用されている形式。

ProRes

非圧縮ファイル。主にMacで利用される高画質ファイル。

QuickTime（MOV）

movie作業には最も汎用的な形式。

アウトポイント

クリップやシーケンスの終点のこと。特にトリミングした際に利用する。

アセット

動画ファイル、画像ファイル、音声ファイルなど、さまざまな形式の素材があり、これらの素材のことをまとめた呼称。または「フッテージ」と呼ぶ。

アセンブリ

Premiere Proのワークスペースの種類で、［プログラム］パネルを整理する際などに利用する。

暗転

場面を変える技法の一種。黒一色になったあとに別の場面が展開されるアニメーション。

イーズ

アニメーションの緩急についての設定。イーズインは開始位置、イーズアウトは終了位置を示す。

色温度

光の色を数値化した尺度。いわゆる、暖色と寒色で色を測定する。

インポイント

クリップやシーケンスの始点のこと。特にトリミングした際に利用する。

上書き編集

上書き編集を行うと、元のクリップの上にそのまま素材が配置され、元のクリップは削除される。

エフェクトパネル

Premiere proで用意されているエフェクトの値を設定するための画面。

オーディオエフェクト

主にオーディオクリップに適用するエフェクト。

オーディオトラック

ビデオ同様に、音はオーディオトラックに配置される。クリップのほかにシーケンスに含まれた音も配置され、ビデオクリップと同様に編集を行うことができる。

オーディオ波形

音を視覚的に確認するために、波形に表示される形式。

オーディオメーター

タイムラインに配置されている音量を測定する機能。

オプティカルフロー

足りないフレームを補間処理する機能。スローモーションなどの補間方法として使用され、背景は止まっていて対象物が動く時に向いている。

カラーグレーディング

カラーグレーディングとは、色味の調整を行う映像の作業もしくはツールのこと。

カラーピッカー

表示されている色を取得してカラーとして設定する機能。

カラーホイール

色を視覚的にとらえられるように円形に配置したツール。

キーフレーム

アニメーションを指定するポイント（点）のこと。タイムグラフに表示され、追加や数値の変更をしてアニメーションの指示をする。

キヤノン1D C

4Kなどの高画質動画を扱うための形式。

クリップ

プロジェクトパネルに、フッテージを読み込んだ際の状態のこと。シーケンスに読み込み編集する素材。

クリッププロパティ

クリップの詳細な設定を行うことができる項目のこと。

クリップマーカー

[タイムライン] パネルや [ソースモニター] パネルなどでクリップの特定の位置に付けることができる目印。

コンスタントゲイン

音量を少しずつ上げてフィードインするエフェクト。

再生ヘッド

[タイムライン] パネルや [ソースモニター] パネルなどで現在時間の時間軸を移動するためのツール。

サブクリップ

マスタークリップを複製したものをサブクリップと呼ぶ。サブクリップは、マスタークリップの内容を参照し、独自にトリミングなどの編集を行うことが可能。元のクリップを残しつつ編集したい場合は、サブクリップを利用すると便利。

シーケンス

クリップを編集するための作業場のこと。また、他のシーケンスへクリップと同様に素材として利用ができる。

[シーケンス]タブ

作成したシーケンスを表示する。複数のシーケンスを開くことができ、シーケンス名をクリックして切り替えて作業することができる。

シーケンスプロパティ

シーケンスの詳細設定のこと。主に解像度やフレームレートを設定する。

シーケンスマーカー

[タイムライン] パネルや [ソースモニター] パネルなどでシーケンスの特定の位置に付けることができる目印。

スイッチング

映像を切り替える作業のこと。Premiere Pro ではマルチカメラソースシーケンスでクリップを切り替える作業のこと。

ズームスクロールバー

[タイムライン] パネルの表示域を拡大、縮小、移動するためのツール。

ソースファイル

主にクリップの元になるフッテージのことをソースファイルと呼ぶ。

ソースモニター

プロジェクトパネルに読み込まれたフッテージを編集するための画面。

ソニー XAVC

MPEG‒4 AVC／H.264コーデックの4Kなどの高画質、高音質動画を扱うための形式。

タイムコード

再生ヘッドの位置を表示し、再生ヘッドを移動することで、表示される時間が変わる。クリップを移動した時間、編集点の確認などに利用する。

タイムライン

シーケンスやクリップを時系列に沿って並べる場所。

タイムルーラー

[タイムライン]パネルや[ソースモニター]パネルなどに表示されるタイムコードの目安になる部分。

調整レイヤー

主にエフェクトを使うための汎用クリップとして使用する。

ディゾルブ

透明度が少しずつ薄くなったり濃くなったりするアニメーション。

デュレーション

動画全体の長さ(尺)。またはトリミングされたクリップの長さ(尺)。

トラック

シーケンスにクリップなどを配置する列のこと。

トランジション

映像の切り替え時に使うアニメーションのこと。フェードイン、フェードアウトなどの切り替えアニメーションや動画のつなぎ目を滑らかにする。

ビデオエフェクト

主にビデオクリップに適用するエフェクト。

ビデオコーデック

動画ファイルの圧縮方法のこと。

ビデオトラック

動画素材の動画部分がビデオトラックに配置される。静止画クリップの場合もビデオトラックに配置される。

ビン

プログラムパネル上でクリップやシーケンスを整理するためのフォルダーのこと。

フッテージ

動画ファイル、画像ファイル、音声ファイルなど、さまざまな形式の素材があり、これらの素材のことをまとめた呼称。または「アセット」と呼ぶ。

フレームサンプリング

シーケンス上でクリップを再生する際のフレーム間の補間方法。

フレームブレンド

スローモーションなどの補間方法の1つで、画面全体が動く時に向いている。

フレームレート

単位時間あたりに処理させるフレーム数。一般的には1秒間30フレームで、一部のテレビなどでは「29.97」という数値が使われている。

プログラムモニター

主にタイムラインに表示されているシーケンスをプレビューする画面のこと。

編集点

クリップとクリップが切り替わる位置。

マスタークリップ

サブクリップの元になるクリップのこと。

マルチカメラ

1つの同被写体を同時に複数台のカメラを利用して撮影すること。

マルチカメラ編集

マルチカメラ編集は、複数台で撮影した動画を簡単に編集できる機能。映像と音を同期し、別アングルに切り替えられる編集方法。

ミュート

消音のこと。オーディオの設定で、音を消したいときに使用する用語。

リップル

[タイムライン]パネル上で、クリップ間などにできた空白のクリップがない状態のこと。

レート調整ツール

フレームレートに関するツールで、1秒間に何フレーム再生するかを調整できる。

ワープスタビライザー

撮影した動画素材の手ぶれを補正する機能で、エフェクトの1つ。

Index 索引

67WS
GINZA
ロクナナワークショップ
銀座　GINZA SCRATCH

GINZA SCRATCH

Web制作の学校「ロクナナワークショップ銀座」では、デザインやプログラミングのオンライン講座、Web・IT・プログラミング、Adobe Photoshop・Illustratorなどの企業や学校への出張開講、個人やグループでの貸し切り受講、各種イベントへの講師派遣をおこなっています。

IT教育の教科書や副読本の選定、執筆、監修などもお気軽にお問い合わせください。

また、起業家の「志」を具体的な「形」にするスタートアップスタジオ GINZA SCRATCH（ギンザ スクラッチ）では、IT・起業関連のイベントも毎週開催中です。

https://67.org/ws/

＊お問い合わせ
株式会社ロクナナ・ロクナナワークショップ銀座
東京都中央区銀座 6-12-13 大東銀座ビル 2F　GINZA SCRATCH
E-mail : workshop@67.org

著者プロフィール

佐藤 太郎・中薗 洸太（マウンテンスタジオ）

マウンテンスタジオは 3ds Max と After Effects を利用したモーショングラフィックを得意とし、ゲームOP・企業様VP・遊技機・CM・実写撮影など、デザイン全般を手掛けています。デザインの持つ力を信じ、関わったすべての方々と共に明日のトビラを開ける、そんな気持ちを大切にもの作りに取り組んでいます。

デザインの学校
これからはじめる
Premiere Proの本
［改訂2版］

2017年 2月25日　初　版　第1刷発行
2021年10月22日　第2版　第1刷発行
2024年 2月10日　第2版　第3刷発行

著　者　マウンテンスタジオ　佐藤 太郎・中薗 洸太
監　修　ロクナナワークショップ
発行者　片岡 巌
発行所　株式会社技術評論社
　　　　東京都新宿区市谷左内町21-13
　　　　電話　03-3513-6150　販売促進部
　　　　　　　03-3513-6160　書籍編集部
印刷／製本　大日本印刷株式会社

定価はカバーに表示してあります。

ISBN978-4-297-12417-5 C3055
Printed in Japan

協力 ························· Whistle CAFE
カバーデザイン ················ 田邉 恵里香
カバーイラスト ················ 佐藤 香苗
本文デザイン ················· 星山 誼彰（ライラック）
DTP ························ リンクアップ
編集 ························· 矢野 俊博
技術評論社ホームページ　https://book.gihyo.jp/

■ **問い合わせについて**

本書の内容に関するご質問は、下記の宛先までFAXまたは書面にてお送りください。なお電話によるご質問、および本書に記載されている内容以外の事柄に関するご質問にはお答えできかねます。あらかじめご了承ください。

〒162-0846
新宿区市谷左内町21-13
株式会社技術評論社　書籍編集部
「デザインの学校 これからはじめる
Premiere Proの本［改訂2版］」　質問係
［FAX］03-3513-6167
［URL］https://book.gihyo.jp/116

なお、ご質問の際に記載いただいた個人情報は、ご質問の返答以外の目的には使用いたしません。また、ご質問の返答後は速やかに破棄させていただきます。